制御工学の考え方

産業革命は「制御」からはじまった

木村英紀　著

ブルーバックス

装幀／芦澤泰偉
カバーイラスト／安久津和巳
本文扉・もくじ／工房　山崎
本文図版／さくら工芸社

はじめに

自動車を「二〇世紀の恋人」とよんだ人がいるが至言である。この世紀を通じて自動車ほど多くの人々に求められ、愛され、そして育てられた工業製品は他にあるまい。

この恋人を、私たちはハンドルとブレーキ、アクセル操作を通じて制御している。その制御を誤ると恋人は一瞬にして凶器と化す。恋人と凶器を分けるものは「制御」である。

制御工学は、その歴史をたどれば、はるか産業革命の初期にまでさかのぼる。制御工学は近代工業とともに生まれ、もの作りの頭脳として、近代工業の歩みにその輝かしい足跡を残してきた。「制御なくして機械なし」は技術者の世界では当然のこととして受け入れられている。

現在、大学の工学部ではほとんどの学科で制御工学を主要科目の一つとしている。したがって、大学生向けの制御工学の教科書はたくさんある。教科書が多いということは、教科書が書きやすいこと、つまりしっかりした理論の体系があることを意味している。

機械工学科では材料力学、熱力学、流体力学を「三力学」と称してカリキュラムの中核にしている。これらはすべて自然の法則を記述する物理学に基礎をおく、いわば物理学の応用である。ところが制御理論の核になっているのは、自然の法則というより、むしろ人工物を支配している法則で、「三力学」よりもはるかに抽象的、論理的である。

いきおい、制御の教科書は理屈が先行し、取っつきにくい。本書を書く第一の動機は、制御を学ぶ工学部の学生に、手軽な入門書として読んでもらいたいからである。まず入門書で、制御の考え方と手法の概略をつかんでもらえば、教科書の記述もはるかに分かりやすくなるだろう。

機械工学や電気工学に比べて、制御工学は、残念ながら一般の方々にはあまり知られていない。それなりに思い当たる理由がいくつかある。

まず、機械工学の自動車、電気工学の家電製品にあたるものを、制御工学はもっていない。そのため、一般の人々は制御工学について知る手がかりに乏しい。また、これまでの制御の対象は主としてものを作る機械やプラントで、工場の中が制御の活躍の舞台だった。そのため制御が一般の人々の目に触れる機会は少なかった。

さらに制御の効果も、歩留《ぶど》まりが数パーセント改善されたとか、三人でやっていた仕事が二人でできるようになった、というような小幅な改善が大部分である。あっと驚く新製品開発や、不可能を可能にする新発明などのドラマチックな物語とはほぼ無縁の、こつこつと理詰めで追い込んでいく地味な仕事が制御である。そのような積み上げが、実は企業では大事なことなのだが、縁の下の力持ちに対して、一般の人々が興味をもつことは少ない。

そこで、制御について広く知ってもらいたいと思ったのが、本書を書く第一の動機である。

さらに「制御」の考え方は、いまや工学の世界を超えた普遍性をもち、生物学や経済学でも重要なキーワードになりつつある。生物の恒常性（ホメオスターシス）や経済政策や市場メカニズムは、まさに制御システムそのものといえよう。

制御工学を専門とする立場から、この普遍性を述べてみたいのが、第三の動機なのである。

これらを踏まえて、本書は次のような構成をとる。

まず第1章で、産業革命をもたらしたワットの調速器から最新のオートメーションに至る制御の歴史を振り返って、制御の根本的な考え方とその現実問題への展開を後付ける。

第2章では、「合わせる」「保つ」「省く」という三つのキーワードで、制御とは何かを考えてみたい。またフィードバック、フィードフォワード、モデルといった、制御の基本を解説したい。

第3章では、事物の森羅万象に宿るダイナミックスについて述べる。ダイナミックスこそが制御を必要とする根源的な証《あかし》であることを理解していただきたい。

第4章では、実験用ロボットアームを例に、もっとも単純な制御の実際を見てみよう。

第5章では、エアコンや自動車などの日常生活で使われている制御システムをいくつか見る。

第6章は、製鉄と半導体製造という、対極の世界で使われる制御についてである。

第7章は、ロボットの制御について。鉄腕アトムという究極の目標に向かって、制御工学は何をなすべきかを考えていきたい。

そして最後の第8章では、制御工学の未来の課題を展望する。

本書を読まれ、制御工学について、何かのイメージをつかんでいただければ幸いである。

平成一四年一二月

木村　英紀

はじめに

制御工学の考え方——産業革命は「制御」からはじまった　もくじ

第2章　制御とは何か――55

第4章　ロボットアームに絵を描かせる――113

第5章　商品価値を高める制御――127

第6章　重厚長大から微細濃密まで——155

第7章　ロボットの進化——183

第8章　広がる制御のフロンティア――205

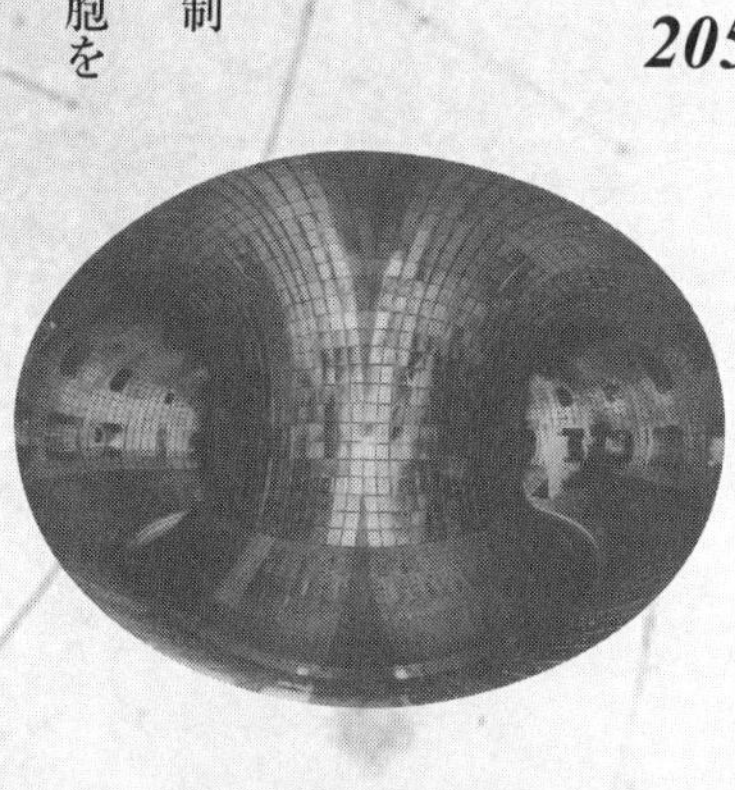

第1章 「制御」の誕生

必要なときに必要なだけ

蒸気機関を発明したワットは「産業革命の父」とよばれている。しかし、そのワットが「制御工学の生みの親」でもあることは、あまり知られていない。

蒸気機関は人類がはじめて手にした原動機である。原動機はものを動かすためのエネルギーを供給する機械だが、単にエネルギーを供給するだけでなく、「必要なときに必要なだけ」供給してくれるものでなければならない。

産業革命以前から、人類は水力や風力あるいは牛や馬など家畜の力を、さまざまな目的のために使ってきた。しかしこれらの力は気まぐれである。

風の力は嵐のときは屋根がわらを吹き飛ばすほど大きいが、そよともしない凪《なぎ》のときはまったくゼロである。水力にも同じ欠点があるだけでなく、川の傍でないと使えない。馬も、自在に乗りこなすには熟練を要するし、生き物だから使えるエネルギーは限られている。おおぜいの人が乗った馬車を長時間高速で走らせるには、御者は、馬の呼吸を合わせる熟練した手綱さばきが欠かせないし、たくさんの馬を必要とする。

このように風力、水力、家畜の力は気まぐれだったり、エネルギーが不足していたり、また熟練を要したりで、「必要なときに必要なだけ」エネルギーを取り出すという点では満足できるものではない。

沸騰する湯から発生する蒸気が、重い鉄ぶたを吹き上げるほどのエネルギーをもっていることは昔から知られていた。この蒸気の圧力を使って、牛や馬なみの仕事をさせることはできないだろうか、と考えた人は少なくなかった。実際、ワット以前にも蒸気を動力として使う機関は作られていて、すでに一八世紀の前半には、たとえば炭坑の排水ポンプに広く使われていた。

しかし、効率がよく、経済的に引きあう蒸気機関をはじめて作ったのがワット（図1−1）である。一七七六年、アメリカの独立と同じ年であった。ワットの蒸気機関は飛ぶように売れ、イギリス全土にまたたく間に広がったという。

蒸気機関を動かすには水と燃料さえあればよい。熟練も要らず、誰でも必要なときに必要なだけエネルギーを取り出すことができる。つまり原動機としての目的は一応達成される。

ところがこの「必要なときに必要なだけのエネルギーを」という要求には、もっと深い意味があることにワットが気がついたのは、自分が発明した蒸気機関が世に出てからしばらく経ってからだった。

図1−1　ジェームス・ワット
（1736〜1819年）

ワットの遠心調速器

風車といえばのどかなオランダの田園風景

を連想するが、昔はオランダだけでなくイギリスにもフランスにも、風が利用できる場所にはどこにでも風車があった。そのおもな目的は、小麦粉を作ることである。風車小屋は製粉工場だったのである。

小麦粉を作るには、石臼の間に麦を入れ、風車の力で上の石を回転させ、麦をひき砕く。石の回転が速くなると、空気抵抗の関係からそれが浮き上がり、下の固定した石との間の隙間が広がり、粉粒が粗くなってしまう。逆に回転が遅くなると、間隙は狭くなり、粒が細かくなる。したがって粒の粗さがそろった上質の小麦粉を作るには、回転速度を一定に保たなければならない。ところが風は気まぐれで、強さも方向も変わりやすい。風の変化に応じて回転石と固定石の間の隙間が変わってしまうのが、風車小屋の持ち主たちの頭痛のたねであった。

ロンドン郊外に自ら発明した蒸気機関で動く大きな製粉工場を作ったワットが直面した問題も同じだった。気まぐれな風ほどではないにしても、小麦の状態、ボイラーの加熱具合などによって、回転数は変動する。また運転をはじめると速度が次第に上がるが、適当なところで加速を止めるのがむずかしい。

そこでワットは、蒸気機関に蒸気を送るパイプにバルブを取り付け、そのバルブを蒸気機関の回転と連動させて動かす機構(図1-2)を考案した。これが有名なワットの遠心調速器(遠心力を用いた速度調節器)で、工業的に用いられた最初の「フィードバック制御」(71ページ参照)機構であるといわれている。

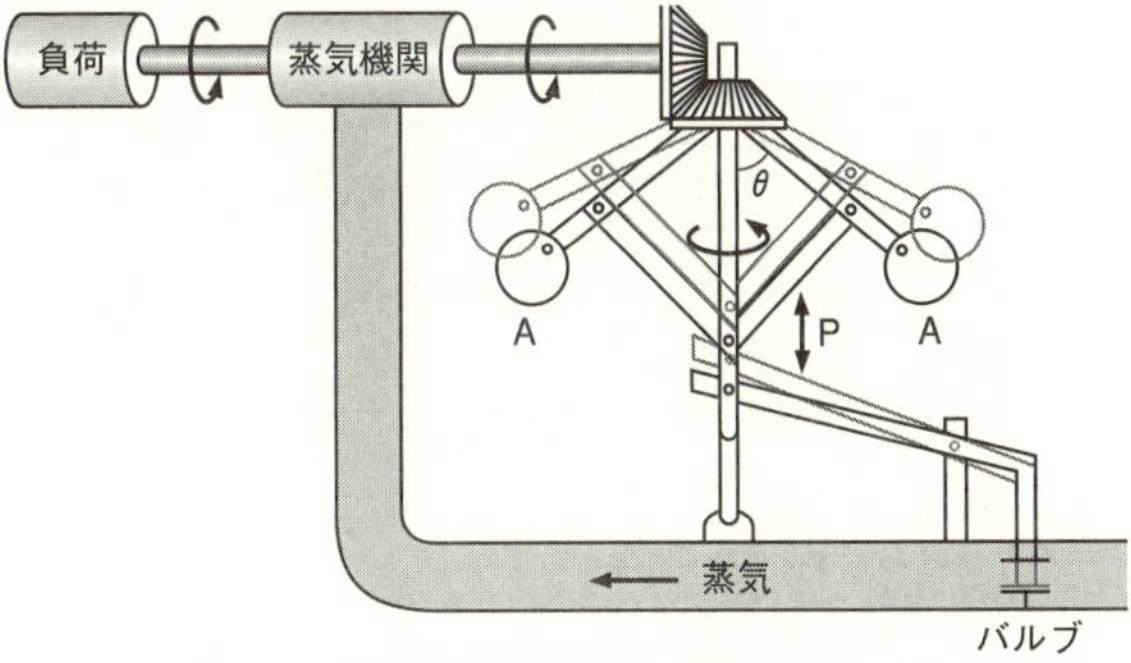

蒸気機関の回転数が上がると振子Aの遠心力が増すので、とりつけているロッドの角度θが大きくなる。するとPの位置が上がり、てこの作用でバルブが閉じる方向に動いて蒸気流量が減るので、回転数は下がる。逆に回転数が下がり過ぎるとθが小さくなり、てこの作用でバルブが開き、蒸気流量が増すので回転数は上がる。こうして回転数の増減に応じて蒸気の流量が自動的に加減され、回転数が一定に保たれる。

図１－２　ワットの調速器

蒸気機関の必需品

実際は、すでに、これとほとんど同じ原理の調節機構が風車に使われていた。そのためワットの調速器はものまねに過ぎないという人もいるが、風車で使われていたものを蒸気機関でも実現したワットの洞察力はなみ大抵のものではない。

蒸気機関の用途が炭坑の排水ポンプや製粉機から織機や紡績機、蒸気船、蒸気機関車そして発電機へと次第に拡がるにつれて、ワットの調速器も普及し、やがて蒸気機関になくてはならないものとなった。

蒸気機関機の発明は「必要なときに必要なエネルギーを供給する」ことを実現した。しかし調速器は、それをより高いレベルに引き上げた。単に「動かす」だけでなく、状況に応じて「適切な動かし方ができる」ことで、調速器は蒸気機関の付属品ではなく、むしろ蒸気機関の生命線をにぎっている。調速器がなければ、蒸気機関はごく限られたところでしか使われなかったであろう。

ちなみにワットの調速器と同じ仕組みは、つい最近まで発電機の制御にも用いられていた。

ワットは産業革命の父か？

私たちは学校で、ワットは産業革命の父であると教わった。しかしワットの同国人である著名な科学史家サミュエル・リリーは、これは正しくないと明言している。

すでに一八世紀前半から、繊維業を中心に機械化が進んで近代的な産業が育ちはじめており、ワットの蒸気機関は水力、風力、畜力に頼っていた動力供給の問題を解決しただけだ、というのが彼の主張である。すなわち、紡績機や織機などの複雑な手順を順序よく組み込んだ「作業機」の発達が産業革命のスタートであり、蒸気機関という「原動機」の発明はそれを補い、加速する役割を果たしたと考えているのである。

産業を発展させる上で、原動機と作業機のどちらが主でどちらが従かという問題は簡単ではない。原動機を主ととる人は、どちらかといえば自然科学よりの人が多い。蒸気機関の熱機関としての原理的な側面と、それが後の熱力学の発展に与えた影響を重視する。一方、作業機をとる人は、工学よりの人が多く、技術の人間的な側面を重視する。

技術が、自然科学の応用にとどまらない、人間的社会的な側面をもっていることを強調する意味では、筆者は作業機が主という立場をとりたい。しかし、にもかかわらず、ワットが産業革命の父であるというテーゼは正しいと思う。

それは、彼が調速器を発明したことによって「エネルギーを必要なときに必要なだけ取り出す」ことを一段と高いレベルで実現し、作業機を本当の意味で動力化したからである。

水力、風力、畜力による限界をはるかに超えて進んだ工業化は、原動機と作業機を結びつける「制御」ぬきには考えられない。それを最初にやってのけたワットは、当時のキラ星のようにいならぶ発明家の群像の中でも、ひときわ抜きん出た存在である。「蒸気機関の発明者」としてのワットではなく、「蒸気機関と調速器の発明者」であるワットが産業革命の父なのである。

ワットの調速器は「制御なくして機械なし」という言葉のリアリティを示している。制御は産業革命とともにはじまったと考える人は多いが、筆者はむしろ、産業革命は制御とともにはじまったといいたい。

マクスウェルと調速器

マクスウェルは、電磁気学や気体分子運動論に大きな貢献をした一九世紀末の著名な物理学者であるが、制御工学にも大きな貢献をしたことを知る人は少ない。

話は図1－2のワットの調速器に戻る。蒸気機関が所定の回転数で仕事をしているうちは、遠心振子はただ回っているだけである。ここで何かの理由で回転数がおちた場合を考えよう。このとき図1-3のような現象の連鎖が発生することは容易に考えられる。

このような現象が起こると回転数は一定の値に近づかず、図1-4のように波うつことになる。このような現象は、制御工学ではハンチングとよばれ、避けなければならないものである。

実はワットの調速器はハンチングを避けることができない。ハンチングのない、あるいは少ない調速器を作ることは、当時の技術者の大きな課題であった。数多くの改良が加えられ、さまざまな新形式の調速器が提案され、そして数多くの特許が出願された。調速器は一九世紀前半の先端技術のひとつだったのである。

調速器は産業界だけでなく、大学の実験室でも使われたが、マクスウェルはハンチングに興味をもち、これをシステムの安定性の問題ととらえ、調速器がハンチングを起こさないために振子の質量やロッドの長さが満たすべき条件を理論的に導き出した。彼はこの結果をロンドン王立学会の雑誌に発表した。ときに一八六八年、ワットの蒸気機関の発明から九二年後である。

マクスウェル以前にも、調速器を解析した物理学者が何人かいるが、マクスウェルのこの論文がとくに注目を集める理由は次の二点にある。

一つは、マクスウェルがたくさんの種類の調速器に共通する特徴を取り出し、その普遍的な性質を調べるための定量的な表現を導いたことである。現在の言葉でいえば調速器の「モデル」を作ったということになる。モデルにもとづく解析と設計という現代的な手法が、実験室の実験装

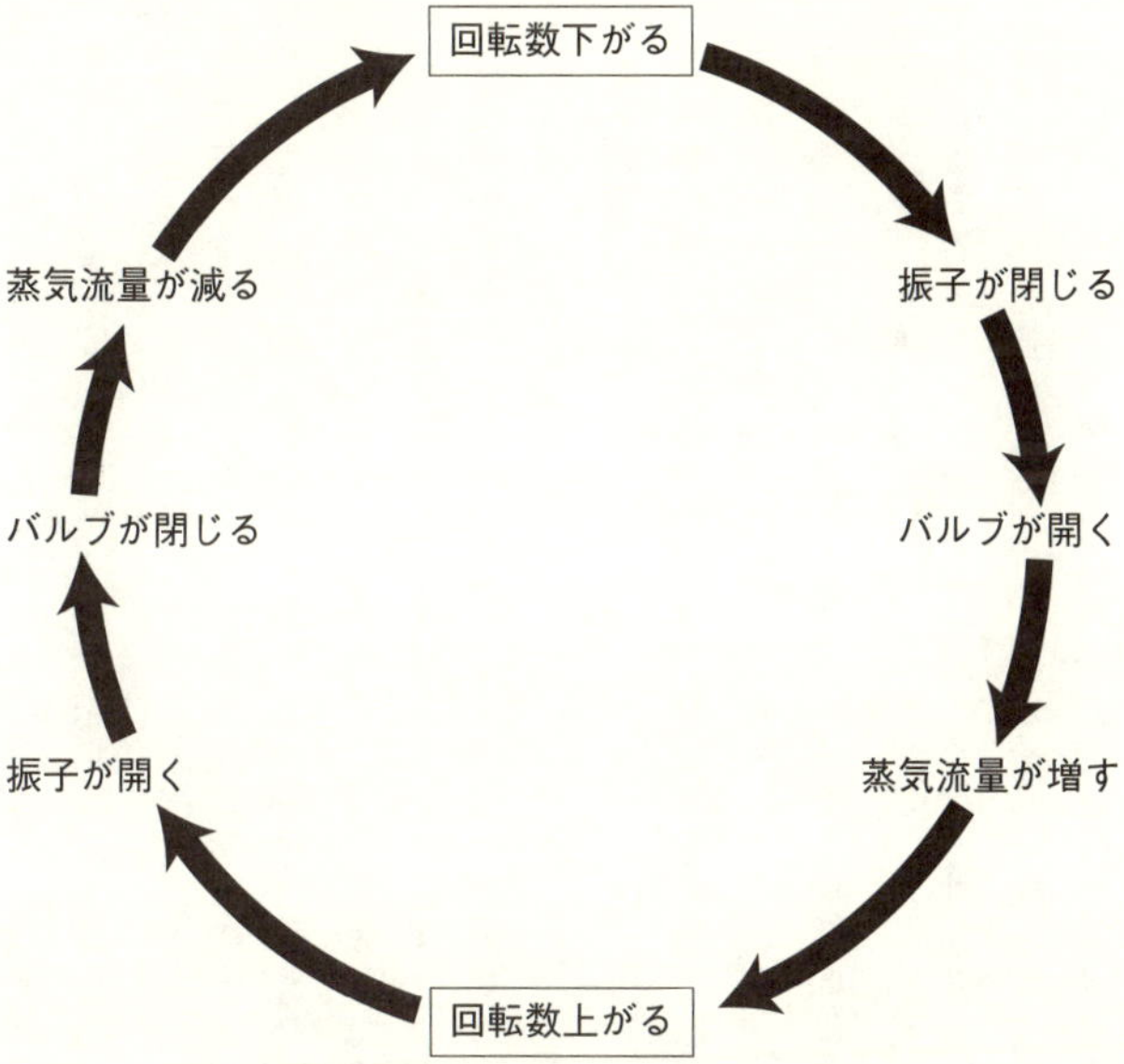

図1-3　連鎖現象

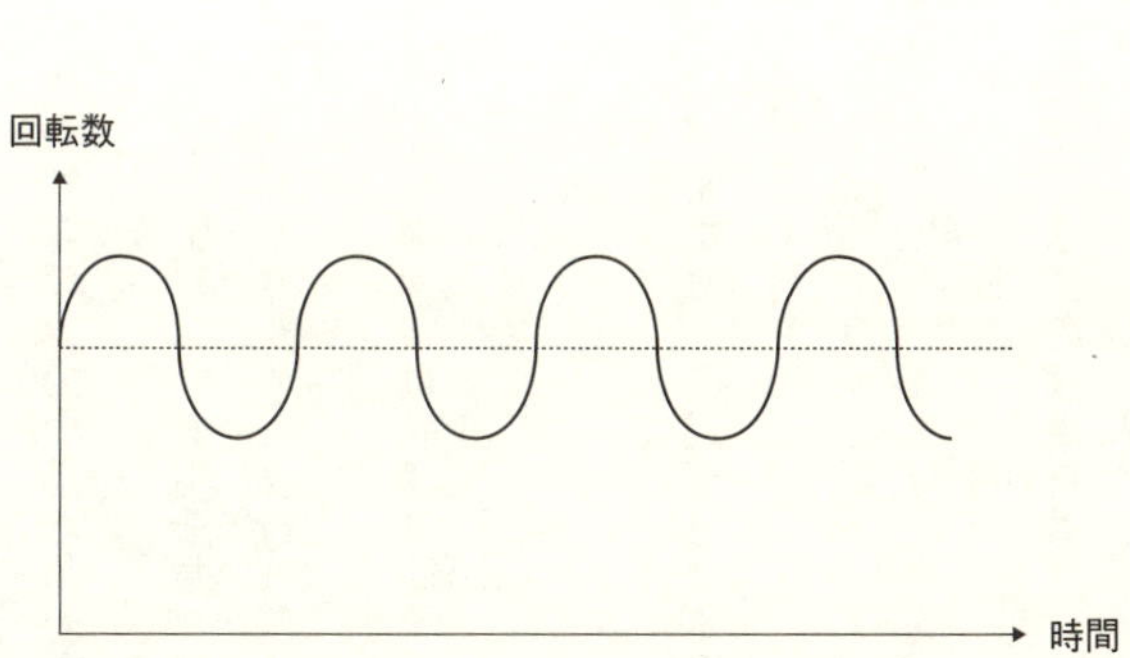

図1-4　ハンチング現象

置でなく産業機器に対して採用されたほとんど最初の例といってよい。

もう一つは、安定性という概念を正確に定式化し、そのための条件を部分的ではあるがもとめたことである。

マクスウェルの得た結果は、動的システムの安定理論という、森羅万象の存在の理法にかかわる美しく深い学問体系を生み出すきっかけとなった。と同時にマクスウェルの論文は、制御が技術であるだけでなく科学でもあることを明らかにした。

ワットの調速器が制御工学を生み出したとすれば、マクスウェルの調速器は制御理論を生み出したといえよう。その間、隔たること約一世紀である。

サーボ機構

ワットの発明した蒸気機関は、やがて船の動力にも使われ、巨大船が次々に建造されるようになった。一九世紀の半ばには、早くも二万トンを超える蒸気船が作られていた。

巨船を動かすには、推進力の他に、舵を切るのにもかなりの力を必要とする。舵を切ることは慣性に逆らって船の針路を変えることだから、船が大きくなればなるほど、また針路の変化が急であればあるほど、舵を切るのに必要な力は大きくなる。

そこで巨船を操縦するには、舵とそれを操縦する舵輪との間にたくさんの歯車を並べ、舵を切るのに必要な力よりずっと小さな力で舵輪が回せるようにしなければならない。ところが、そのためには舵輪をたくさん回す必要がでてくる。必要な力の一〇〇〇分の一の力で舵を切るには、必要な舵の角度の一〇〇〇倍の角度分も舵輪を回すことになる。たとえば舵を一〇度切るためには、その一〇〇〇倍の一万度分、すなわち約三〇回舵輪を回さなければならない。

これでは舵を切るのに時間がかかり過ぎるし、変針の精度が落ちることは避けられない。この重い舵を素早く所定の位置に動かすにはどうしたらよいだろうか？

船の推進動力源として用いている蒸気を、操舵のためのエネルギー源としても使おうと考えた人が当然いた。これを実現したのがサーボ機構である。

このシステムは、まるで主人の命令にしたがって黙々と働く召使いのようである。そこでこのような機構は、ラテン語で召使いを意味するサーブ（Servus）からとって、サーボ機構（Servo Mechanism）とよばれている。フィードバック制御の代表的な形のひとつである。

次ページ図1-5は、一九世紀の終わりにリンケが発明したサーボ機構の模式図である。

腕Mを動かすのは人間とは限らない。もしそれを何かにしばりつけて固定しておけば、船を一定方向に進ませる保針装置にもなる。これが発展した船の自動操縦は、二〇世紀の前半には実現している。これについては次に少し詳しく述べる。

サーボ機構はオートメーションにはなくてはならないものである。たとえば、腕（M）を与えられたカーブに沿って動かし、負荷（L）に刃物を取り付けると、カーブに沿って物を切ることができる。これが発展したのが「ならい旋盤」であり、さらにはその現代版である数値制御の工

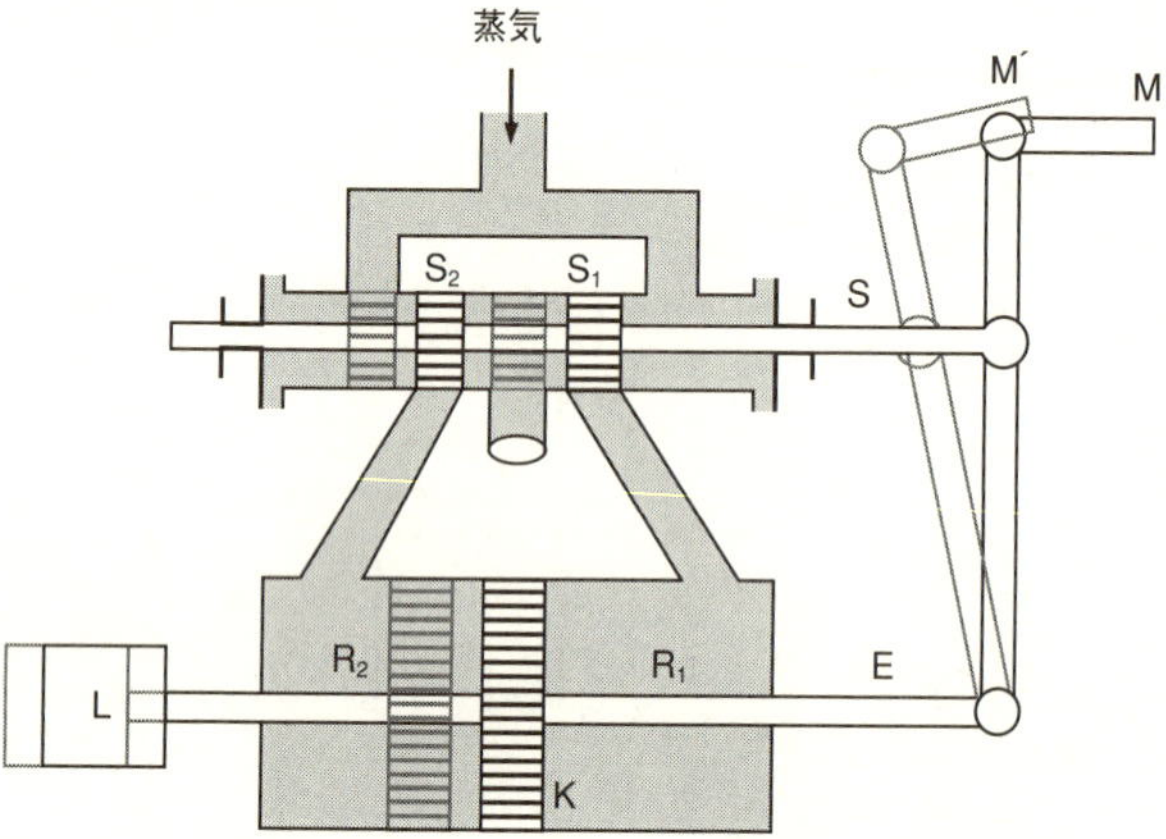

人間が腕Mを動かして角度指令を与えると、それにともなって動くSにEが追随する。たとえばMを左（M´）に動かすとシリンダーS_1、S_2は左に動く。R_1には蒸気が導かれるがR_2には供給されないのでKは左に動き、負荷Lもそれにつれて左に動く。SとEの相対関係がもとに戻ると蒸気の流入は停止し、システムはその位置で平衡状態になる。

図1-5　リンケのサーボ機構

作機械である。

このようにサーボ機構の用途は無限に広がっている。ロボット技術の基礎もサーボ機構にある。

魚雷からはじまった自動操縦

人類にとって海底深く潜ることは、空高く飛ぶこととならんで長年の夢であった。

飛行機とは違って、潜水船を作ることにはじめて成功した人ははっきりしていないが、一六八〇年頃に、イタリア人のボレリが詳細な図面をたくさん残しており、おそらく潜水船を実際に作ったと推測されている。

潜水船が歴史にはっきりと登場

するのはアメリカの独立戦争で、デビット・ブッシュネルが「タートル」という名の潜水艇を作った。潜水してイギリス艦に忍び寄り、その艦底に爆薬を取り付けて爆破しようとしたが失敗している。同じアメリカの南北戦争では、南軍のハンリーが潜水艇の艦首から突き出した竿の先の爆薬で北軍の軍艦を沈めている。これが初めて敵艦を沈めた潜水艇だが、ハンリー自身も巻き添えで沈んでしまった。

海中をひそかに進んで目標に肉迫できる潜水艦は、海上に浮かぶ船には脅威で、各国海軍が開発に力を入れたのも当然である。しかし潜水艦が真の脅威となるのは、そこから、爆薬をもって敵艦に襲いかかる魚雷が発射されるようになってからである。

イギリス人のロバート・ホワイトヘッドが、圧縮空気を動力とし、設定された方向と深度を自動的に保って無人で航行する魚雷を開発したのは一八七〇年代のはじめである。

指定された方向を保つには、後にジャイロスコープとよばれるようになる回転体が用いられた（33ページ参照）。一方、水深を一定に保つには、振子によって検出した潜航の姿勢角から現在の深度を割り出し、指定深度と比較した結果にしたがって水平舵を操作する。すなわち、方位と深度がフィードバックによって制御される自動操縦システムを実現したのである。

無人で航行する魚雷にとって自動操縦装置は、必要というよりはむしろ前提条件である。深度の制御は水上の船には必要ない。水上の船よりも複雑な動作を必要とする潜水船のほうが、先に自動操縦装置を実用化していたのは意外である。軍事的な要求が技術開発を突出させることの例証であろう。

ちなみにわが国の海軍は魚雷に関心が強かったようで、一八八一年には最初の水雷艇（魚雷発射をおもな任務とする小型の軍艇）を建造している。日露戦争の口火を切ったのは、旅順港内に停泊するロシア艦艇に対する日本の水雷艇の攻撃だったが、その後も魚雷を中心とする夜襲は、日本海軍の得意戦法であった。

制御から誘導・航法へ

魚雷の標的は動いている船である。もし標的の動きに応じて魚雷の方向を変えることができれば、命中率は格段に上がるだろう。そこで一八七〇年代の半ばにジーメンスが、魚雷に電線をつけ、潜水艦からその方位を時々刻々指令できるような装置を考案した（実はこの方式は現在の最新式の魚雷にも別の形で一部使われている）。

これは誘導（ガイダンス）のはじまりであった。ジーメンスの方法はいわば手動の誘導だったが、その後、誘導は標的の位置や速度を自ら検出しながら決めていく自律式のものに変わっていく。このような誘導を、鳥が巣に戻ることを意味する「ホーム」から、ホーミングとよぶ。

海中にいる潜水艇が、海上を動く船の位置や速度を知るには、船が発生するスクリューやエンジンの音を探知するソナーとよばれる装置が用いられる。これらの音には耳で聞こえる周波数の音だけでなく、超音波も含まれており、その方が検出しやすい。

超音波を用いたソナーは、第一次世界大戦中の一九一六年に作られている。ソナーを用いたホーミング魚雷は第二次世界大戦中に使われたが、あまり実効は上がらなかったようである。第二次世界大戦後はソナーの精度も上がり、魚雷の命中精度は著しく上がったが、魚雷の活躍する戦争が起こっていないのは幸いである。

魚雷にはじまった誘導技術は、やがて海から空に移り、ミサイルに受け継がれる。

第二次世界大戦中、ロンドン市民を震え上がらせたドイツ軍の飛行爆弾Ｖ−１、Ｖ−２（図１−６）は、磁気コンパスと気圧計にもとづいて方向と高度を自律的に制御する、当時としてはきわめて性能の高い誘導兵器であった。

図１−６　燃料注入中のＶ−２

第二次世界大戦後、米ソ両国は激しいミサイル開発競争を繰り広げたが、命中精度に直接影響する誘導技術と制御技術は、ミサイルの技術開発の中核に位置している。一九五〇年代から、ミサイル開発競争とならんで人工衛星や宇宙探査を目的とする宇宙開発競争がはじまった。宇宙開発でも誘導、制御はキーテクノロジーである。

ロケットでは目標と現在地との間の差を測

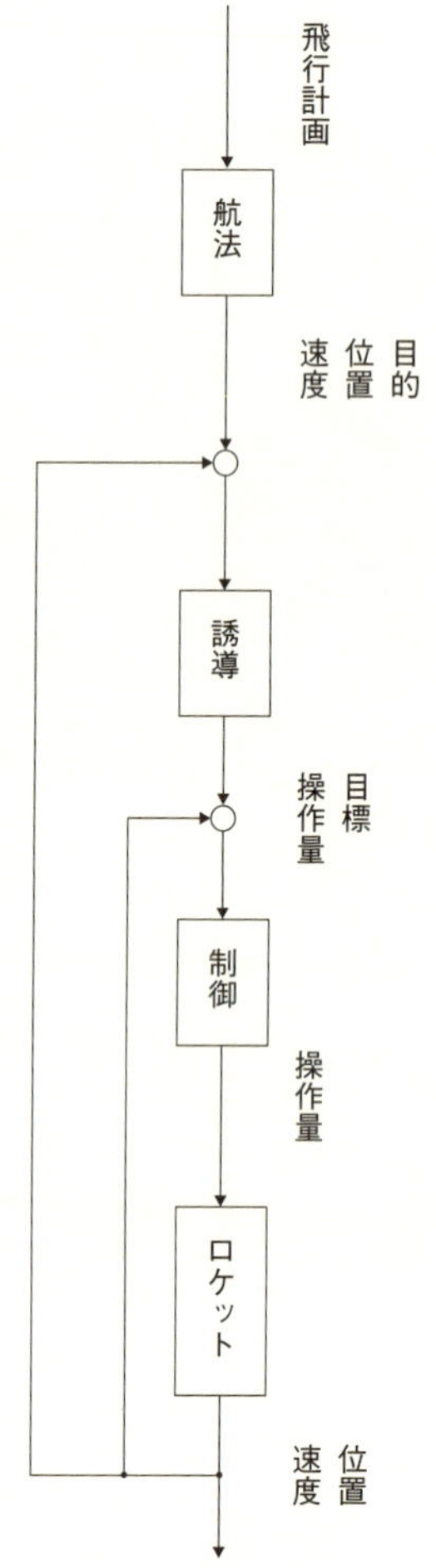

図1－7　航法・誘導・制御

定し、それをもとに適切な推進力を計算するのが「誘導」である。誘導でもとめた推進力をアクチュエータ（操作端）を通して実際に発生し、ロケットに望ましい動きをさせることが「制御」である。つまり誘導は制御に目標を与えることである。その意味で誘導は制御よりも上位にあるといってよい。

ところで誘導よりさらに上位にあるのが「航法（ナビゲーション）」である。目標に到達するための都合のよい経路をさまざまの状況の下で決めるのが航法で、誘導に目標を指示する。

制御、誘導、航法の関係は図1－7のブロック線図で示される。ロケットに限らず、乗り物の制御には、航法と誘導がついてまわることが多い。

図１－８　ライト兄弟の飛行機「フライヤー」

飛ぶための制御

ライト兄弟が人類のトップを切って空を飛んだのは一九〇三年で、ちょうど一世紀前のことになる（図１－８）。最初の飛行は滞空時間一二秒、距離にしてわずか三六メートルだったから、本当に「飛んだ」といえるかどうか疑う人もいたようである。しかし兄弟の操縦する「物体」が、エンジンの力で「出発点と同じ高さ」に着地したのは、まぎれもない事実であった。

彼らの航空機第一号「フライヤー」は、あらゆる角度から見て、飛行のための合理的な機能をもっていた。しかしその最大のポイントが制御にあったことは、意外に知られていない。

空を飛ぶには動力が必要だが、その発生装置はできるだけ軽いことが要求される。ライト兄弟にとって幸運なことに、当時勃興しつつあった自動車産業のおかげで、すでにエンジン技術がかなり成熟していたから、フライヤー搭載用の軽量小型エンジンを作ることはそれほどむずかしいことではなかった。

むしろ彼らにとって最大の問題は、空中で姿勢を安定に保持することであった。飛んでいる機体には空気の力が作用する。その一部が揚力となって機体を持ち上げるが、気流の動きはきわめて複雑で、しかも時々刻々変化する。空気の力をうまく受けて機体の高さ、方位、姿勢を思いのままに制御するのは容易ではない。

彼らはこの問題を解決するため、飛行中に翼を変形させ、飛行機の空気力学的な特性を操作することを考えた。すなわち、上下の翼（フライヤーは複葉機である）を結ぶワイヤーを引いたり緩めたりすることによって翼にねじれ力を加え、翼を撓《たわ》ませるのである。この撓み翼によって機体の制御性は格段に増し、ライト兄弟が人類初の飛行に成功する原動力となった。

ただし撓み翼の操作は、これを用いて何度も失敗したライト兄弟にしてはじめて可能な職人芸を必要とするものだったようである。最初に操縦した弟のオービルが、飛行をわずか一二秒しか続けられなかったのも、安定性を保持するための制御が限界にきたからだと語っている。

撓み翼は後に、はるかに制御性能がよく安全性も高い補助翼に受け継がれ、航空機の制御になくてはならないものとなった。

とくに軍用機では、たくさんの補助翼や動翼を組み合わせ、その制御によって機体の運動特性

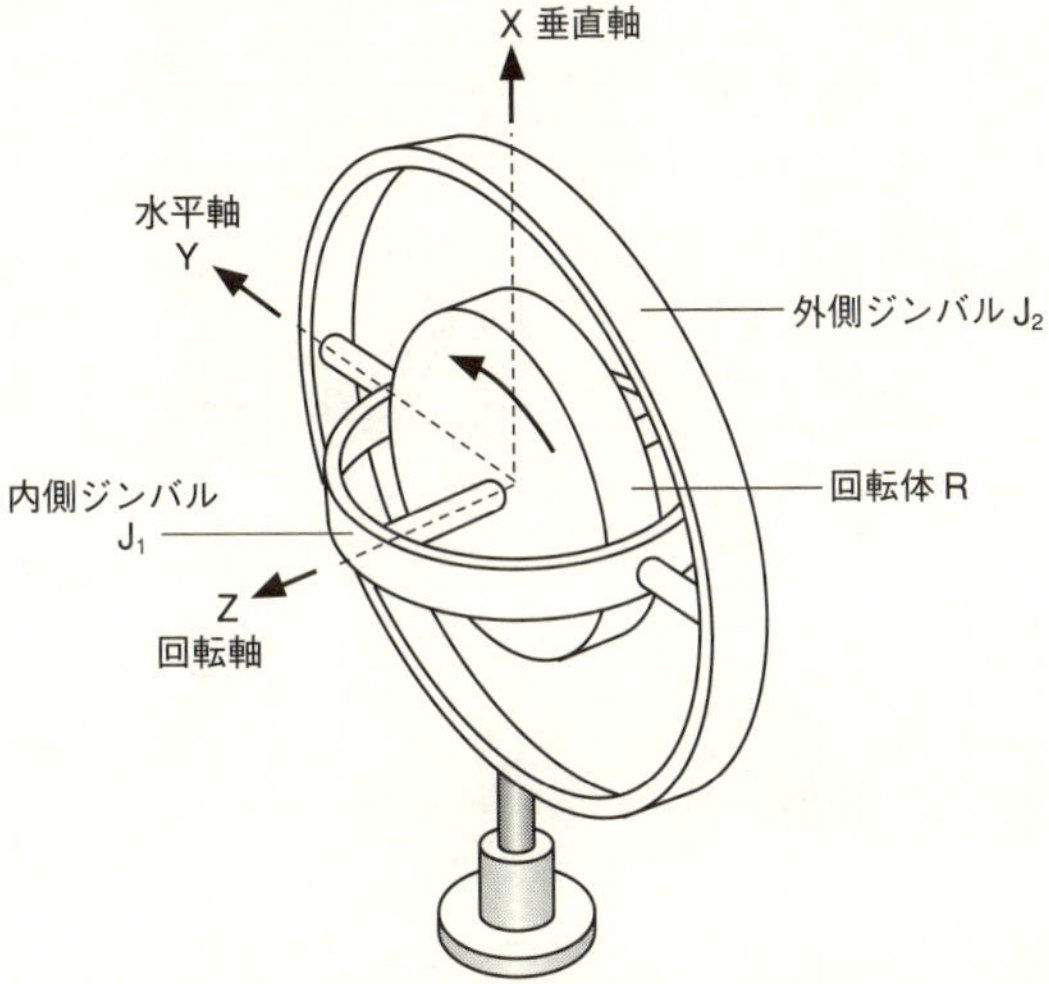

図1－9　ジャイロスコープの仕組み

を思うままに変える研究が進んでいる。このような航空機は「制御による飛行」（CCV：Control Configured Vehicle）とよばれ、制御技術の最先端に位置づけられる（147ページ参照）。

潜水船と同様に航空機でも、ライト兄弟以来、制御がその発達の歴史で重要な役割を果たしてきたのである。

制御に貢献するジャイロスコープ

補助翼とならんで航空機の制御に重要な役割を担うのが、ジャイロスコープである。

図1－9に機械式ジャイロスコープの概念を示す。

回転体RがZ軸のまわりを回転しており、それを支える枠がその外側の枠（内部ジンバル）J_1と、さらに外側の枠（外部ジンバル）

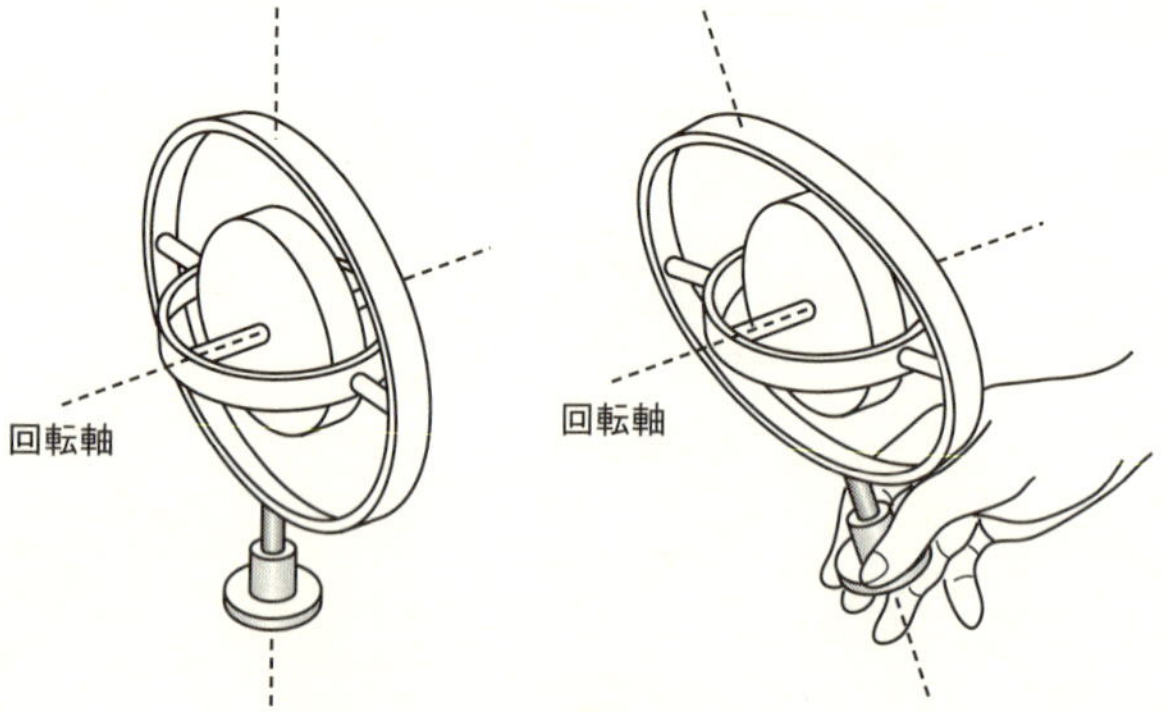
基盤を動かしても回転軸は変化しない

図1-10　ジャイロスコープの原理

J_2によって、自由に回転できるように支持されている。

回転体は、慣性によりその回転軸を一定方向に保つ性質があるので、ジンバルJ_1やJ_2が回転しても、その方向は変わらない。したがってジャイロスコープを航空機のどこかに固定して据え付けておけば、機体が回転したり揺れたりしてもJ_1やJ_2が回転するだけで、回転軸はあらかじめ設定した方向を保つ（図1-10）。すなわちジャイロスコープは方向の記憶装置として働く。

永久磁石は地球上どこでも北を向くので、磁針は羅針盤として働く。ジャイロスコープも同じ働きをする。羅針盤としてのジャイロスコープを回転儀（ジャイロコンパス）ともよぶ。

ジャイロスコープは、このように方向の絶対基準を与えるので、航空機が決まった姿勢からどれだけずれたかを検出することができる。このずれを航空機の方向舵や昇降舵、補助翼を操作して解消すれば、航空機はさまざまな外乱に対して姿勢を保ち、安定性を確保することができる。

　ジャイロスコープを本格的に開発し、実際の制御に大々的に応用したのはエルマー・スペリーだが、その息子のローレンス・スペリーは、父が開発したこの装置を宣伝するため、パリ郊外で危険なデモンストレーションを行った。

　ローレンスは安定化装置を搭載した複葉機を操縦し、見上げる観衆の目の前で操縦桿から両手を離して、操縦士の操作なしで飛行機の安定性が保たれていることを示した。さらに同乗していた助手が翼にのぼり、その上を歩き回ったのである。観衆は、一瞬、横揺れを起こした飛行機から転落する助手の姿を予想して青くなったが、実際は横揺れは起こらず、飛行機は水平を保って何事もないかのように飛び続けた。

　ライト兄弟以来の難問であった飛行中の姿勢保持は、ジャイロスコープによるフィードバック制御によって、基本的に解決されたのである。一九一四年六月一八日、サラエボで、第一次世界大戦のきっかけとなったオーストリア皇太子夫妻の暗殺事件が起きる一〇日前のことであった。

レートジャイロ

　ジャイロスコープには、方向の記憶装置とならんでもうひとつ重要な役割がある。それは移動物体の回転速度の測定である。

ジンバルを回転速度を測りたい軸に直角に支持したジャイロスコープを置く。軸まわりに回転が生じると「ジャイロ効果」とよばれる現象により、ジンバルに回転速度（角速度）に比例したトルクが発生する。そのトルクを測定することによって角速度が分かる。このように角速度を測るジャイロスコープを「レートジャイロ」という。

レートジャイロによって角速度が測定できれば、速度に比例する力を逆方向にフィードバックによって発生させることで、振動を抑制したり安定性を増したりすることができる。こうしてレートジャイロは初期の制御技術に大きく貢献した。

レートジャイロは現在でも広く用いられている。ただし現在では、回転体を必要とする機械的なものにかわって、光学型や流体型、振動型などに主流が移りつつある。さらに、ミクロンサイズの超小型ジャイロも実用化されている。

物質を制御で作る

近年、食糧問題がいろいろな形で論じられているが、今から一〇〇年ほど前にも真剣に議論されたことがある。現在の食糧危機は肥料の過剰が論じられることが多いが、当時はまったく逆で、肥料の不足から起こった。

ヨーロッパでは、一九世紀後半から人工の窒素肥料が多く使われていた。その原料は、主としてチリ硝石と、製鉄用のコークスを作るときに副産物として得られるアンモニアに頼っていた。

チリ硝石の埋蔵量はあまり多くなく、アンモニアの量も限られていたから、肥料が不足するのは時間の問題といわれていた。これによって生じるであろう食糧危機が、二〇世紀はじめのヨーロッパでは深刻な問題だったのである。

そこで、空気中に無尽蔵にある窒素に目が向けられた。かくして「空中窒素の固定」は、当時の化学者に課せられた難題となった。これを解決したのがハーバーとボッシュによるアンモニアの直接合成の成功である。

ハーバーは、鉄を触媒として高温高圧のもとで水素と窒素の混合ガスの八パーセントをアンモニアに変換できることを確認した。この八パーセントという数字は、化学反応の理論にもとづく絶対的な限界でもある。

しかし八パーセントでは工業化するには低過ぎる。経済的に引き合わないのである。

苦労に苦労を重ねた挙句、ハーバーとボッシュは生成したアンモニアを冷却液化して取り出し、反応していない混合ガスは再循環させて反応を繰り返す方式（次ページ図1‐11）を開発し、原料をほぼ一〇〇パーセント、アンモニアに変えることに成功した。一九〇八年のことである。

やがてこの方法は大々的に工業化され、肥料の不足は解消され食糧危機は去った。

ここで強調したいのは、このような化学反応を工業化する上では、「制御」が欠かせないということである。

たとえば触媒が働く反応塔は、一定の温度と二〇〇気圧近い圧力に保たれなくてはならない。

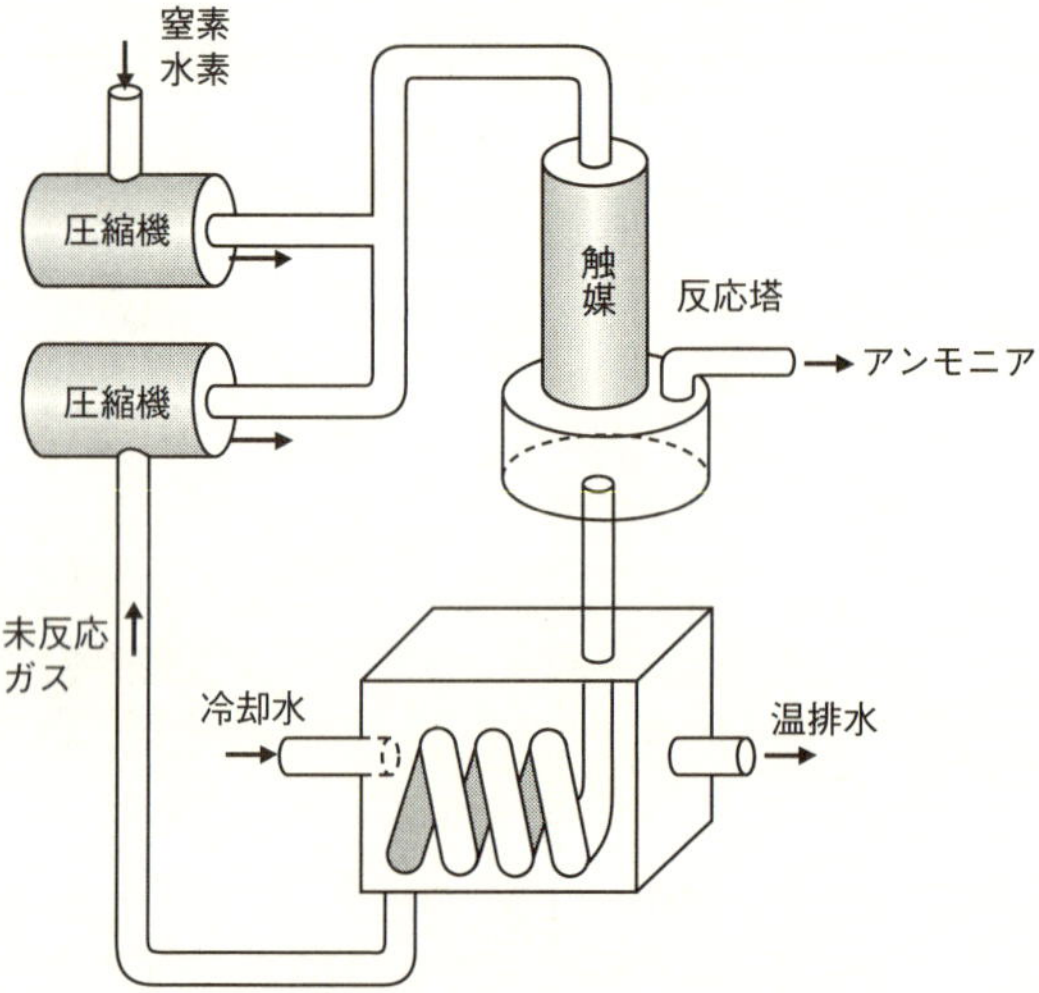

図1-11　アンモニアの反復合成

容器の強度寿命とギリギリのバランスをとる必要があるので、圧縮機を動かすのにフィードバック制御が使われ、それがこの方法の実現の決定的な鍵となった。

またこの装置は、連続して運転することが効率の鍵を握っている。そのためには循環する混合ガスの量や新しく取り入れる原料ガスの量も厳密に制御する必要がある。

この装置には制御が不可欠であったことは、後にボッシュ自身が、そのノーベル化学賞受賞講演ではっきり述べている。

アンモニア合成の成功をもたらしたのは工程の連続化である。この方式は、その後、石油精製に持ち込まれ、生産性の向上に大きく貢献した。モータリゼーションが急速に進んだのは、これによってガソリンが安く大量に供給されたお陰である。

連続化には、工程のさまざまな条件が安定することが必要である。それには温度、圧力、pHなどが反応や操作の途中で変化しないよう、常に制御することが不可欠である。今では制御は合成化学、石油化学、繊維、薬品、そして製鉄などあらゆる装置産業で装置を望ましい状態に保持するために働いている。このような制御の分野を「プロセス制御」とよんでいる。

通信工学が生んだフィードバック理論

今、私たちは自宅の居間に座って、外国のテレビ放送の画面をそのまま見ることができる。四〇年前には考えられなかったことである。短波ラジオのＡＢＣ放送で、雑音に埋もれた、かすかなアナウンサーの声を聞き取り、はるかな国アメリカからの声に胸を躍らせたのは、そんなに昔ではなかったような気がする。それが今や、インターネットを使えば居ながらにしてパリやローマでショッピングすることも可能である。地球上の距離が急速に縮まりつつある時代に、私たちは生きている。

同じような気持ちを抱かせる時代が前世紀のはじめにもあった。このときの主役は電話で、一八九二年、ニューヨークとシカゴが長距離電話で結ばれたのである。

しかし、ニューヨークとサンフランシスコ間に電話線が開通し、アメリカの東海岸と西海岸が音声で結ばれたのは、それから二五年も経った一九一五年である。

遅れた原因は電話線にあった。音声の電気信号が電話線を伝わっているうちに次第にエネルギーを失い、それとともに、音声情報を担っている電圧の時間的な変化の形が次第に歪んでしまうのである。距離が長くなればなるほど損失の影響は大きくなる。

弱くなった信号を途中で強めることができれば、伝送距離を伸ばすことができる。しかし当時は電気的な増幅をすることができなかったので、いったん電気信号を音声にもどして機械的に増幅するしかない。このような装置はレピータ(繰り返し器)とよばれていた。ちなみにレピータは「中継器」という意味で現在も使われている。

レピータは下手をすると信号を増幅する以上に雑音を発生しかねない。最初にニューヨークとサンフランシスコを結んだ電話線には六台のレピータがついていたが、伝えられる音声の質はきわめて悪かった。

一九〇八年に三極真空管が発明されると、それを用いた高性能の電気的なレピータの開発に各社がしのぎを削ることとなった。そのなかでもベル研究所のブラックが一九二五年に発明したフィードバック増幅器は、構造が簡単でしかも信号の歪みを大きく減少させることができるので一躍脚光を浴びた。

この増幅器の特徴は、出力(出て行く音声電圧)の一部を入力(入ってくる音声電圧)側にフィードバックしている点にある。こうすることによって安定に動作し、歪みの少ない質の高い音声の増幅が可能となった。

なぜフィードバックを用いると質の高い増幅器が得られるのだろうか?

この問題に挑戦したのがベル研究所の研究者たちである。彼らは、ループを何回もまわるうちに雑音や歪みを減衰させることのできるフィードバックの優れた性質を理論的に解明した。これが以後の制御理論の枠組みとなる。

フィードバックという言葉は、このときはじめて用いられたといわれている。今日「フィードバック」は制御の専売特許のような言葉であるが、それが制御以外の分野ではじめて使われたということは歴史の皮肉ともいえよう。

図１-12　ノーバート・ウィーナー（1894〜1964年）

サイバネティックスは壮大な知の冒険

第二次世界大戦直後、アメリカの数学者ウィーナー（図１-12）は『サイバネティックス』という本を書き、「動物と機械の制御と通信」にかかわる新しい学問を提唱した。サイバネティックスは「舵手」という意味のギリシャ語からウィーナーが作った言葉である。

ウィーナーは特に制御の視点から、動物と機械に共通する原理をもとめることによって、動物（人間）の知能行動のメカニズムを知り、動物（人間）と同じような行動をする機械を作ろうとした。

動物の動作も機械と同じ力学や物理学の法則にしたがうことを、はじめて公に主張したのはデカルトである。デカルトの思想は約一〇〇年後、同じフランスのラ・メトリーという思想家によって「人間機械論」としてさらに徹底化される。しかしラ・メトリーの本は無神論を主張した廉《かど》で発行禁止となり、ラ・メトリー自身はデカルトと同様オランダに逃れなければならなかった。以後人間機械論はさまざまな形をとって哲学者や心理学者によって主張された。

サイバネティックスもその一つと考えることができるが、サイバネティックスの新しさは、人間機械論を、思想ではなく具体的な科学の研究テーマとして提出したことにある。

サイバネティックスの中核となったのは制御である。

ウィーナーは、日常的な行動がうまくできなくなった患者の症状が、フィードバック制御がうまく働かなくなった機械の振る舞いとよく似ていることから、人間や動物の行動が、機械と同じフィードバックで制御されていることを発見した。

もっとも今となっては、この「発見」は半分しか正しくない。人間の行動にはフィードバックが重要な役割を演じていることは確かだが、フィードバックだけでは十分ではなく、むしろフィードフォワード（77ページ参照）が、それを補完する重要な役割を演じている。行動疾患はフィードバックの狂いというより、フィードフォワードの機能障害と見るべきものとされている。フィードバックやフィードフォワードの正確な定義は第２章で述べる。

ウィーナーが発見した、制御における生物と人工物の共通原理は、その後の分子生物学の発展によって、細胞レベルまで広がっていることが確認されつつある。たとえばガンは、細胞分裂の制御（分裂周期調節）の不調と深くかかわっていることが分かってきた。

ともあれ制御は、生物の生存に必要な最低限のレベルから、意志の実現のような精神のレベルまで、生物のあらゆるレベルで生命現象と深く結びついている。こうして、制御が、動物という自然と、機械という人工物の二つの世界にまたがる、共通の枠組みであることを発見したことが、サイバネティックスという壮大な知の冒険につながったのである。

サイバネティックスは、制御をはじめ通信、計算機、情報など、当時の工学のニューフェースを論じ、その重要性を人間機械論と重ねて説き明かした。

その後ウィーナーのまいた種は医用工学、人工知能、数理生物学などさまざまな形で実った。「サイバースペース」「サイボーグ」「サイバー資本主義」など「サイバー」ではじまる言葉がいろいろ作られたが、それらの「サイバー」がサイバネティックスからきたのはいうまでもない。

ウィーナーの抱いた生物と工学を融合させる夢は、人工臓器やヒューマノイドロボットなど制御を媒介としてより広い視点で実現しようとしている。

オートメーションを進めた制御

サイバネティックスと同じ頃、制御に関連したもう一つの言葉が一世を風靡した。オートメーションである。

オートメーションとは「自動化」、すなわち人間のやっている仕事を機械に自動的にやらせることである。今風にいえばロボット化のことであるが、当時はロボットは存在していない。

オートメーションは、まず、もの作りの場で劇的な人べらしをもたらした。

たとえば、当時、ある自動車メーカーのエンジンのシリンダブロックの生産ラインには、工作機械が四六台備え付けられており、六〇名の作業者が常時配置されていた。そこに材料の搬送、取り付け、取り外しなどを自動的に行うトランスファーマシンを三台導入することによって、作業者はわずか三名に減ったという。

さらに人間の仕事が機械に置き換わるオートメーションによって、製品の品質は安定し、精度も上がる。それだけでなく、人間ではできなかった速度で生産することができる。

たとえば、当時、鉄鋼メーカーでは薄板の圧延は人手で行っており、その作業は熟練者のみができる危険でつらいものであった。そこに導入された「ストリップミル」は熟練作業を不要にして、一分間に一〇〇〇メートルものスピードで薄板を生産した。

もちろん、そのためには巨大なロールを意のままに動かす速度制御や、時々刻々板の厚さを測定してロールの圧下力を調整するフィードバック制御がうまく動作しなければならない。このようなフィードバック制御は、熟練作業者の技能のレベルをはるかに超えている。つまりオートメーションは、人間を機械で置き換えただけでなく、人間のできないこともやってのけたのである。

オートメーションは全産業分野に及び、第二次世界大戦後の荒廃からの立ち直りを、戦前への回帰ではなく、新しいレベルの工業文明に導いた。当時オートメーションを「第二次産業革命」とよぶ人もいたほど、そのブームの過熱ぶりはすさまじく、現在のＩＴブームに匹敵していた。

第二次世界大戦直後のサイバネティックスとオートメーションのブームは、「制御の時代」の到来を告げるものであった。

オートメーションのこれから

一九五〇年代、オートメーションは次の三つのカテゴリーに分けて議論された。自動車の生産ラインの自動化に象徴される「機械オートメーション」、石油化学や繊維工業などの素材生産のプロセスを連続化しそれを自動制御する「プロセスオートメーション」、そしてパンチカード式の会計機や分類機などを用いて事務の効率化をはかる「オフィスオートメーション」である。

この三つのオートメーションは産業社会を大きく変えた。その後ＩＴ（情報技術）全盛の現在に至るまでの産業社会の変化は、この三つのオートメーションが敷いた軌道から、それほどはずれていない、と私は思う。オートメーションを「第二次産業革命」とよんだ人々は当時少なくなかったが、この見解が結果としても一番正しかった。

機械オートメーションは、歴史をたどれば、二〇世紀はじめのフォードシステムにその芽がある。フォードは自動車の生産に徹底した分業を導入し、それを流れ作業として実現することによって自動車の価格を四分の一に下げることに成功した。

プロセスオートメーションは、すでに述べたボッシュとハーバーによるアンモニアの合成がきっかけとなったが、その後、自動制御をさらに進めて石油を連続的に精製する装置が完成し、本格的なものとなった。一九二〇年代のはじめである。

この二つに比べると、オフィスオートメーションは比較的新しく、第二次世界大戦中のオペレーションズリサーチの研究成果がベースとなり、経営科学という新しい領域につながっている。

このようにオートメーションの波は、ある時期に突然洪水のように押し寄せたのではなく、満ち潮がひたひたと海岸線を押し上げるように、少しずつ産業とそれにつながる社会の構造を変えてきたのである。五〇年代にオートメーションという言葉が生まれ、人々が驚きをもって論じたのは、所々の水溜りにしか見えなかったオートメーションの地下の流れが、第二次世界大戦を境に、一つの流れとして人々の目にはっきり映りはじめたからである。

「機械は必ず制御を必要とする」という機械の宿命からすると、オートメーションは機械を生み出した産業革命それ自体が胚胎していたものである。オートメーションは、したがって産業革命の必然的な帰結でもある。

そうであるならオートメーションはこれからも続くだろう。後にくわしく述べるように、産業用ロボット技術は機械オートメーションの尖兵として力強く進んでいる。プロセスオートメーションは「統合化」をキーワードとして、さらに徹底した自動化と最適化の道を歩んでいる。オフイスオートメーションはＩＴ（情報技術）という強力なツールを得て、今やその極限まで進められようとしている。

そしてオートメーションは、もの作りだけでなくサービス業でも急ピッチで進んでいる。交通、運輸、通信、流通、エネルギー、医療、福祉、警備などサービス業のあらゆる分野で、オートメーションは効率化、人べらし、サービス向上の切り札となっている。

もちろん、これらのオートメーションを支えるキーテクノロジーが制御であることは、もの作りのオートメーションと同様である。大量生産・大量消費のなかに高度の制御が組み込まれ、制御が何千万という消費者に触れるようになった。サービス、消費は今後のオートメーションと制御の活動の檜舞台である。

最適制御の源流

目的を達成する方法が何通りもある場合、当然、そのなかでもっともよいやり方を実行したい。そのためには、あるやり方が、他の方法よりよいか悪いかを決める「評価の基準」が必要となる。ある評価基準のもとで、もっともよい手段をみつけることが「最適化」である。

よく知られた最適化問題に、たとえば「巡回セールスマン問題」がある。決まったいくつかの場所を順番に訪問する場合、たくさんある可能なルートのうちで、最短の道のりで訪問できる順序を決めるというものである。この場合評価基準はセールスマンの移動距離となる。

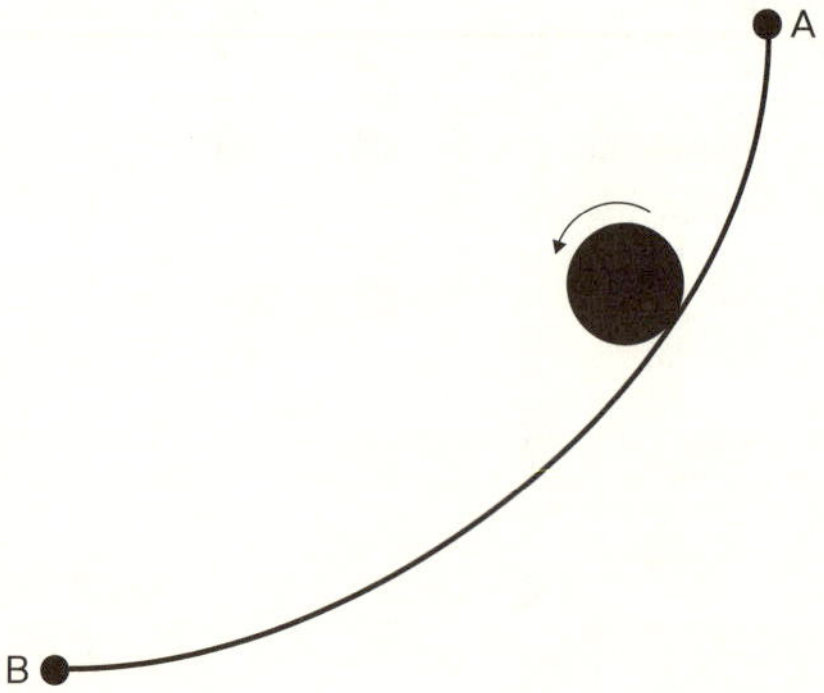

図1-13　サイクロイド

最適化問題を数学的にきちんと定式化したのは、第二次世界大戦中にイギリスで生まれたオペレーションズリサーチの分野である。オペレーションズリサーチは、その名のとおり「作戦の研究」であるが、後にさまざまの最適化手法を生み出した。

制御に「最適化」をはじめて導入したのは、旧ソ連の数学者ポントリャーギンとそのグループである。彼らは一九五〇年代の終わりに、「最大原理」とよばれる最適制御の体系的な理論を発表し、大きな注目を集めた。

この理論は微分方程式で記述されたダイナミックなシステムを、ある状態から別の状態に移す最適な操作入力をもとめるためのもので、オペレーションズリサーチで発展した最適化手法をダイナミックなシステムに拡張したものであった。

しかし、実は最適制御の源流は、オペレーションズリサーチよりもはるか遠い昔、一七世紀にさかのぼることができる。

一六九六年にベルヌーイは、ヨーロッパ中の数学者に、次のような問題を提出した。

「与えられた二点A、Bをなめらかな曲線で結び、重力のもとでAから出発した球がBに最短時間で到達するようにせよ」

この場合評価基準は到達時間である。ニュートンはこの問題を一晩で解いたといわれている。一見、AとBを結んだ直線の上を転がすのが一番速いように思われるが、実際はそうではない。サイクロイドとよばれる曲線（図1－13）が最短到達曲線になるのである。

ちなみに日本の神社仏閣の屋根のそり具合は、サイクロイドに似ているといわれる。雨滴をなるべく速くひさしの樋に落とし込むために、このそりが好都合であることを、日本の宮大工は知っていたのだろうか？

最適制御とスクランブル飛行

最適制御の有効性を示す例を述べよう。

敵機が侵攻してきたとき、迎撃戦闘機は緊急発進（スクランブル）して、なるべく早く上空で敵機を迎え撃つ態勢をとることが必要である。地上で滑走をはじめてから、たとえば高度二万メートルまで何秒で到達できるかは、防空能力を示す重要な指標である。どのような上昇法をとれば最短時間で到達できるだろうか。

一九六二年に、そのための最短到達軌道を最適制御で計算した論文が発表された。この論文では、超音速戦闘機を質点と考え、上昇方位角を操作量とした戦闘機の空気力学モデルを作り、そ

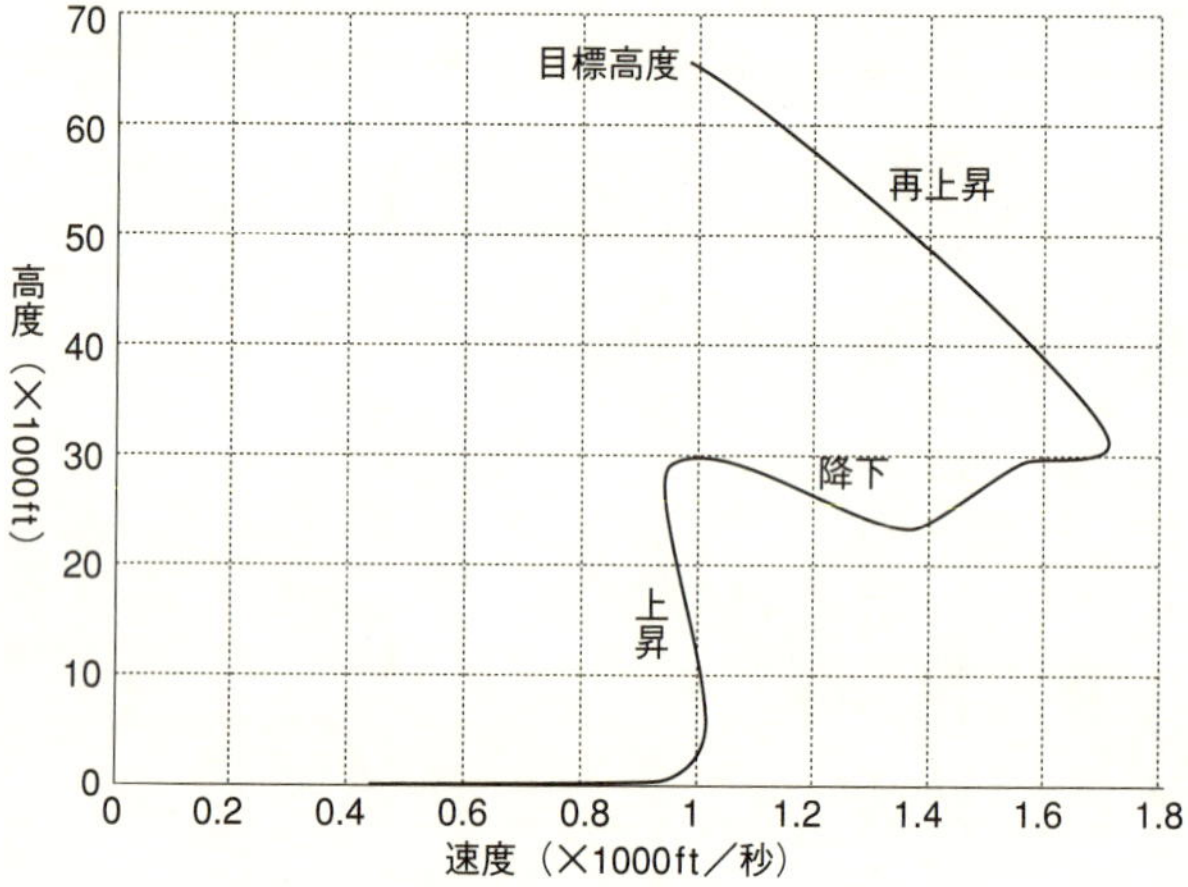

図１-14　最適上昇軌道のプロフィール

A.E.BrysonJrによる

れに対する最適制御を計算した。評価基準は所定の高度に到達できるまでの時間である。

上空二万メートルに到達したときの速度がマッハ〇・九という条件下での最適軌道を、速度と高度の軸で描いたのが図1−14である。

これによれば、地上滑走後マッハ一よりわずかに遅い速度まで加速し、それから所定高度の五〇パーセントあたりまで、ほぼ一定の速度で上昇する。その後いったん急降下して速度をマッハ一・四くらいまで加速し、それによって得た運動エネルギーによって、残りの高度をかせぐ、というシナリオになっている。

最適軌道が単なる上昇ではなく、図のような形になる理由は、超音速機独特の空気力学的特性にある。ひたすら上昇するのではなく、音速付近でいったん降下して加速する部分が、これまでのやり方と大きく異なる。理論計算によると、まっすぐ上昇する場合に比べて、所要時間がずっと短くなるということで話題になった。

後日、論文に出た最適軌道を、実際に空軍のパイロットがファントム戦闘機で試した。その結果、理論的な最短到達時間である三三二秒よりわずか六秒遅れた三三八秒で高度二万メートルに到達し、その時点での速度マッハ〇・九を達成することができた。この時間は熟練パイロットの通常の到達時間よりはるかに短かったという。

現代制御理論の誕生

一九八五年一一月一一日、京都の国際会議場で第一回「京都賞」の授賞式典が行われた。京都賞はノーベル賞にない分野、すなわち工学、数理科学、芸術の三分野を対象としており、京セラの創立者稲盛和夫氏が私財を投じて創設したものである。

この日の記念すべき式典には、スウェーデンの女王とともにノーベル財団の主だった理事も招かれていた。これらの人々を前に、受賞者の一人がその受賞講演で、ノーベル賞をこっぴどく批判した。この人騒がせな受賞者が、一九六〇年に弱冠二九歳で、それまでとまったく異なる表現形式をもつ新しい制御の理論を構築した、チューリッヒ工科大学（当時）のカルマン教授（次ページ図1－15）である。

カルマン教授の理論は、まず、制御しようとする対象をいろいろな角度から十分に調べ、解析して、その動作を記述する「モデル」を作る。そのモデルにもとづいて、制御系を合理的に設計

図1-15　ルドルフ・カルマン（1930年〜）
写真提供／稲盛財団（第1回京都賞より）

する。これによって目的に合う一番よい制御、すなわち最適制御を達成できるとする。

カルマン教授は、いわば当然のことを説いたのであるが、制御工学に大きなインパクトを与え、その美しい理論体系は多くの若い研究者を魅了した。

カルマンの理論は「現代制御理論」とよばれた。それに対してベル研究所の人々らによって、第二次世界大戦頃に作られたフィードバックの理論は「古典制御理論」とよばれることになった。現代制御理論は、モデルにもとづく制御系の設計法を数多く生み出し、それまでの経験と勘に頼っていた制御系の設計を、情報にもとづく科学へと転換した。

古典から現代への転換はスムーズに行われたわけではない。当初、工場で実際の設計業務にたずさわっている制御技術者は、現代制御理論を単なる理論のお遊びとして、真剣にとりあげようとはしなかった。そのため制御の分野では、古典的な方法に固執し、経験と勘を重んじる設計の実務の世界と、高度な制御の理論を追いもとめるアカデミーの世界とに分裂することになった。「理論と実務の乖離《かいり》」という問題は、多かれ少なかれどの分野でも存在する。実務と乖離するからこそ理論なのである、といういい方もあながち間違いではない。しかし制御の場合は二つの世界の差はときにははなはだしい。高度な数学を駆使する理論の世界は、外から見ると、数学の特別な訓練を受けた者だけが作っている閉鎖的な世界のように思われたのである。

数学といっても、それは今から見れば大学教養課程程度の線形代数と微分方程式だったが、当時はそのレベルの数学でも、現場の制御技術者には別世界の話に思われたのである。一方、理論家からみると、とにかく速効性が期待され、システムが安上がりで期待どおり動けばよいと考える設計の現場は、きわめて泥臭くその場しのぎの世界に思われた。

「理論」から「技術」へ

この二つの世界が歩み寄りを見せはじめたのは、一九七〇年代の後半に突如襲ったオイルショックによる省エネルギーの強い要求がきっかけだった。

現場の制御技術者は、いままでどおりの経験と勘だけでは、要求を満足する制御系を作ることがむずかしいことに気づきはじめた。一方、理論家たちは、制御理論と実世界を結ぶモデルが少しくらい不正確であっても制御性能がそんなに落ちることのないような設計法（ロバスト制御）を大変な努力のもとに理論的に開発し、理論を使いやすくすることに成功した。

マイクロプロセッサーの進歩によって、理論どおりの制御を実行するのに必要とする複雑な計算装置が、安価に入手できるようになったし、完全に理解していない理論でも、ある程度使いこなすことのできる設計ツールが完備されたことも、大いに助けとなった。

こうして、むずかしいといわれていた現代制御理論は、現場の困難な制御問題を次々にこなして、いまでは現場の設計技術者にも常識となった。理論は「技術」に変わったのである。

そして現代制御理論は、きわめて高度な数学を駆使して、数理工学の最先端を走り、ロバスト制御だけでなく、適応制御や非線形制御、ハイブリッド制御など、新しい困難な分野でつぎつぎに花を咲かせている。ロボット工学や信号画像処理、カオス工学など、制御理論が間接的に貢献した分野も少なくない。

第2章 制御とは何か

第2章 制御とは何か

「制御」と「コントロール」

制御は英語のコントロール（control）の訳語で、control の語源は contrarotulare というラテン語である。contra は「対して」という意味で、rotulare はロールすなわち巻物、この場合は古文書を意味するそうである。したがって「コントロール」の語源は「昔の権威に照らして」という意味になる。つまり、昔の権威に照らして現状が正しいかどうかをチェックし、正しくなければそれを直すアクションをする、ということからきている。

英語では、コントロールは頻繁に使われる便利な言葉で、ラテン語の原義とはだいぶ意味が違ってきている。

たとえば、努力が功を奏して事態が望ましい方向に進んでいるとき、「アンダーコントロール」と言う。「制御の下にある」とでも訳すべきか。火事や洪水などの災害対策、選挙などの政治的キャンペーンの動向、戦争や紛争などの形勢を描写するのによく使われる。

この逆が「アウトオブコントロール」である。「制御がきかない」ことであり、日本語では「お手上げ」の状態である。

どちらもいくぶん婉曲であるが、行為者の立場に立った簡潔で当を得た表現と思う。

日本では「制御」は技術用語としてはよく使われるが、日常会話では「アンダーコントロール」のような使われ方をするのを、少なくとも筆者は知らない。たとえば「感情を制御する」とか「欲望を制御する」とは言わず、「感情を抑える」「欲望を我慢する」という言い方をする。

「制御」という言葉は、日常語としては硬すぎるのだろうか？

一方「コントロール」の訳語は「制御」以外にもたくさんある。バースコントロールは産児制限と訳されている。クオリティーコントロールは品質管理、コントロールタワーは管制塔、コントロールスティックは操縦桿である。マインドコントロールはどう訳されているのだろうか？

つまり英語の「コントロール」は技術用語であると同時に、人々の感情に根づき、生活の手あかにまみれた言葉である。技術用語としての側面は、むしろ生活用語から派生したものである。これに対して、日本語の「制御」は「コントロール」の技術用語としての範囲をカバーしているにすぎない。日常語から転じた技術用語と、最初から技術用語として作られた言葉とでは背景の重さがまったく違う。

わが国の社会に、「制御」という言葉が、アメリカにおける「コントロール」に匹敵する重みをもって定着しなかったのは、何か理由があるのだろうか？

漢字文化では「管理」「制限」「管制」「操縦」など語彙が豊富だからだろうか？　それもあるだろうが、筆者にはそれよりも、わが国の社会に「コントロール」という言葉に集約されるような行動の規範が欠けていることに、その理由があると思われてならない。

「制御」の定義

一五年ほど前に、プリンストン大学のベニガーが『制御革命（Control Revolution）』という本を書いた。制御の意味を広く文明史の立場から説き起こした名著で、アメリカで出版協会賞を受賞している。

ベニガーはこの本で、コントロールとは「目的に向けた影響力の行使」と定義している。これはたぶん、考えられるうちでもっとも幅広い定義であろう。

しかし筆者は「影響力」に「持続的な」という形容詞をつけたい。

制御は常に持続する行為である。瞬間的な影響力の行使は制御の名にふさわしくない。だからこそ、結果を見ながら手加減をするフィードバックが重要な位置を占める。すなわち制御とは「目的に向けた影響力の持続的行使」である。

制御が持続しなければならない理由は、対象がダイナミックスをもつからである。ダイナミックスこそが変化の根底にあり、変化の動因となり、そして変化を支配するものである。これについては次章で述べる。

先にわが国では「コントロール」という言葉に集約されるような行動の規範が欠けている、と述べたが、それは、現象をダイナミックスとして捉えることが苦手だからではないか、とも思う。これについては後に述べる。

「機械」を「道具」のようにあやつる

人間は「道具を使う動物（ホモ・ファーベル）」である。

たとえばハサミはものを切るための道具だが、切るといってもいろいろな場合がある。紙を切る、糸を切る。紙を切るにしても、厚紙を切る、薄紙を切る、何枚も重ねた紙を切る。あるいは真っ直ぐ切る場合も、丸く切る場合もある。

こうした目的に応じて、ハサミの使い方は千差万別だが、ホモ・ファーベルである人間は、それぞれの場合に応じて、道具であるハサミを使いこなすことができる。

一方、巨大な動力を使う機械、高温の気体や固体が充満した装置、重いシャフトやファンが高速で動いている機器などは、道具のように人間が手足を使って直接動かすことができない。

しかし「制御」によって、こうした人間の力が及ばない大きな機械や装置や機器も、ハサミと同じように、状況に応じて自在に使うことができる。前章で見てきたように、巨大船の舵を自在に動かし、高温高圧の蒸気を必要なだけ発生させ、赤熱した鉄の塊を変形するなど、すべて制御の技である。

「合わせる」「保つ」「省く」

「飲む」「打つ」「買う」が放蕩者の資格だという。品の悪いたとえになって恐縮だが、「合わせる」「保つ」「省く」は、よい制御の資格である。

三つのうち一つの機能しかもたないものもあれば、二つの機能を併せもつ場合もある。もちろん三つすべてを兼ね備えた制御もある。少し規模の大きい高度の制御システムは三つの機能をすべて備えているのが普通である。

ハサミを使う時の人間の制御を考えてみよう。

紙に描いた図形を切り取る場合、まずハサミを線に「合わせる」ことが必要である。次いで切るプロセスでは、線のとおりにハサミを「保つ」ことが必要である。そしてこれを、できるだけ力を「省いて」行うことができれば申し分ない。

つまり、ハサミで切るという動作は、この三つの機能を兼ね備えているわけである。

考えてみればこの三つの機能は、人間が目的をもって何かを営むときに、いつも要求される基本的な機能である。

たとえば結婚生活をうまくやって行くためには、まず伴侶に「合わせる」ことが必要である。「しあわせ」という言葉は、合わせることに由来する。合わせることができたら、次はその関係を「保つ」ように努力するだろう。それが努力なしに自然にできるようになれば、すなわち「省く」ことができれば、二人は固い絆で結ばれたことになる。

「合わせる」「保つ」「省く」は結婚に限らず、私たちが生きていくかぎり、いつもやらなければならない営みである。それを機械でやってのけるのが制御で、そうなると制御は正に「機械の営み」と言えよう。

それではこの三つについて、もう少しくわしく考えていこう。

部品の条件

工業製品はたくさんの部品が組み合わさってできている。

たとえば筆者の目の前にある電気スタンドは、まず電球とそれを支持するソケット、そして笠がある。支持台とそこから伸びたアーム、アームの角度を変える回転ジョイントやスイッチなど、おそらく部品は二〇点は下るまい。

部品は便利なものである。別々の場所で別々の人が別々の時間に作ることができる。それによって、多くの人々が一つの製品を作ることに参加できるし、それぞれ得意な技や好きな仕事に集中することができる。能率は上がるし、単純な作業の組み合わせでどんなに複雑なものでも作ることができる。製品を使う側からすれば、部品の一つが壊れても、その部品だけ取り替えれば、またもとどおり使えるようになる。部品という考えは良いことずくめである。

しかし部品を組み立てて一つのものを作るには、それぞれの部品が、あらかじめ指定されたとおりの寸法や形状でなければならない。そうでなければ、これらを組み合わせて完成品を作ることができないし、壊れた部品を交換することもできない。

たとえば自動車は、二万五〇〇〇点の部品がベルトコンベアを移動するうちに文字どおり寸分の狂いもなく組みつけられて、はじめて自動車として動くことができるのである。

こうしたことができるためには、すべての部品を決められた規格どおりに作ること、すなわち部品が規格化されていなければならない。逆に、規格化されているからこそ「部品」なのである。

規格化は「合わせる制御」

規格どおりの部品や製品を作ることは、さしてむずかしいことではないと思われるかもしれない。しかしそれは、けっして簡単なことではない。たとえば自分で陶器を作ってみるとよく分かる。「同じような」茶碗は作れても、寸分違わぬ茶碗を二つ作ることは至難の技である。

織田信長の時代の鉄砲は、たとえば銃身がゆがんでしまうと、鉄砲全体を作り直したそうである。この時代には「部品」という考えがなかった。規格どおりに部品を作る技術も道具もない以上、部品を別々に作り、それらを組み合わせて最終製品を作るという発想も、生まれようがなかったのである。

規格化は近代工業、近代社会の前提条件である。その規格化を本当の意味で実現したのが制御工学である。規格化のための制御を「合わせる制御」とよぼう。合わせる制御の進歩があったからこそ大量生産、大量消費の現在の産業社会が到来したのである。

「合わせる」ことが必要なのは、もの作りだけではない。たとえば、エレベータは各階のフロア位置でピタリと停まる。神戸のポートライナーや東京のゆりかもめのような無人電車も、各駅でドアがホームの柵の開口部に合わせてピタリと停まる。合わなければ、乗り降りする人が危険である。このような停止位置を決めるのも「合わせる制御」の働きである。

前節で述べたオートパイロットやミサイル、戦闘機の機銃の照準を動いている標的にあわせるのにも、かなり高級な「合わせる制御」が使われている。
「合わせる制御」は制御のもっとも基本的な機能といってよい。

定常化は「保つ制御」

化学反応を利用してある物質を他の物質から作る場合、しばしば化学反応を進めるために高い圧力が必要となる。その一方で、反応容器の寿命や安全性を考えると、圧力はなるべく低く抑えたい。したがって反応が起こる圧力より高くも低くもならない、ぎりぎりのところに圧力を保つ必要がある。しかも、圧力は物質の密度や温度によって簡単に変わってしまうから、物質の反応プロセスで圧力を一定に保つのはそう簡単なことではない。

空中窒素の固定に成功した（37ページ参照）のは、このむずかしい圧力制御に成功したおかげである。

圧力だけでなく、温度、濃度、流量、電圧、速度など、ほとんどあらゆる物理量を一定に保つことは、もの作りの成否を握る鍵で、ここに制御工学の出番がある。制御によって系を乱す要因を抑え、システムの状態を定常化する機能を「保つ制御」とよぼう。

「保つ制御」の例は身のまわりにいくらでもある。たとえばエアコンは部屋の温度を一定に保つためのもので、保つ制御はもっとも大切な機能である。冷蔵庫や洗濯機でも、かなり高度な保つ制御が働いている。

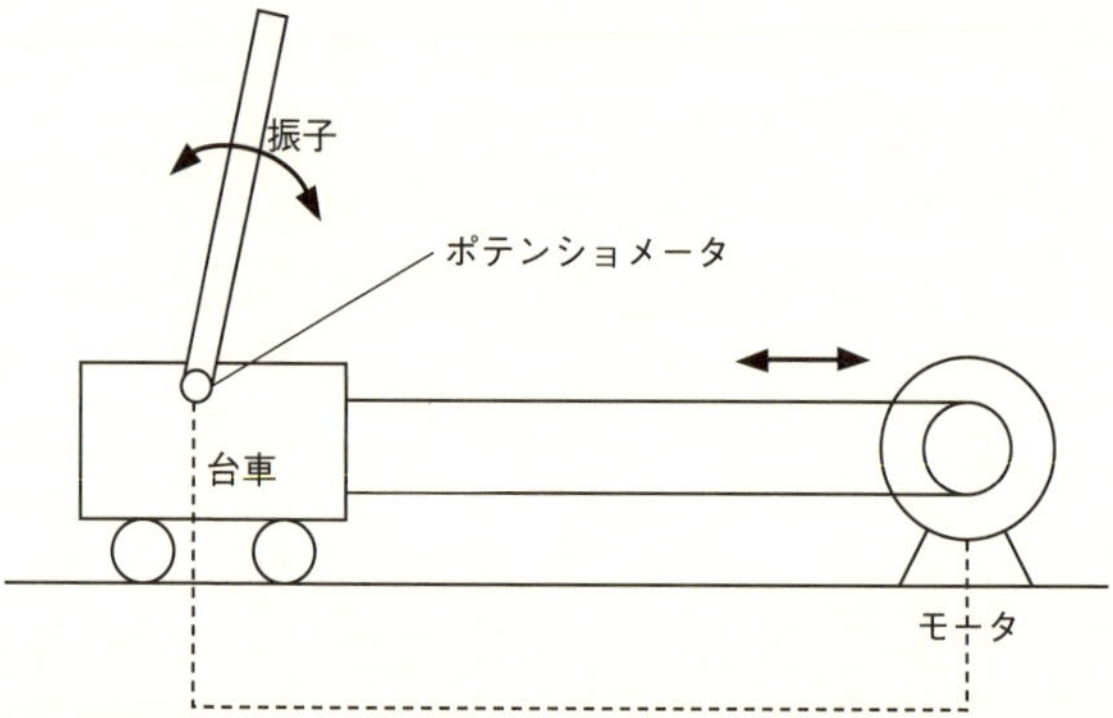

振子が倒れようとする方向に、倒れようとする分だけ台車を動かせば、振子を立たせておくことができる。

図2-1　倒立振子

ちなみに、私たちが生きていることができるのは、身体にホメオスタシス、すなわち「保つ制御」の機能が備わっているからである。

私たちの身体は一種の化学工場である。しかも運動したり食べたり眠ったり、めまぐるしく環境が変化する化学工場である。にもかかわらず血圧、脈搏、体温、血糖値、酸性度などさまざまの量がほぼ一定に保たれるのは、ホメオスタシスが身体の隅々までネットワークを張り巡らし、二四時間休まず働いているからである。

逆立ちホウキの制御

「保つ制御」の変わり種を一つ紹介しよう。

逆さにしたホウキを手のひらの上に立たせる。何もしなければホウキは倒れてしまうが、倒れる方向に手のひらを動かしてやると、ホウキの傾きは反転する。これを注意深く続けると、ホウキをかなり長

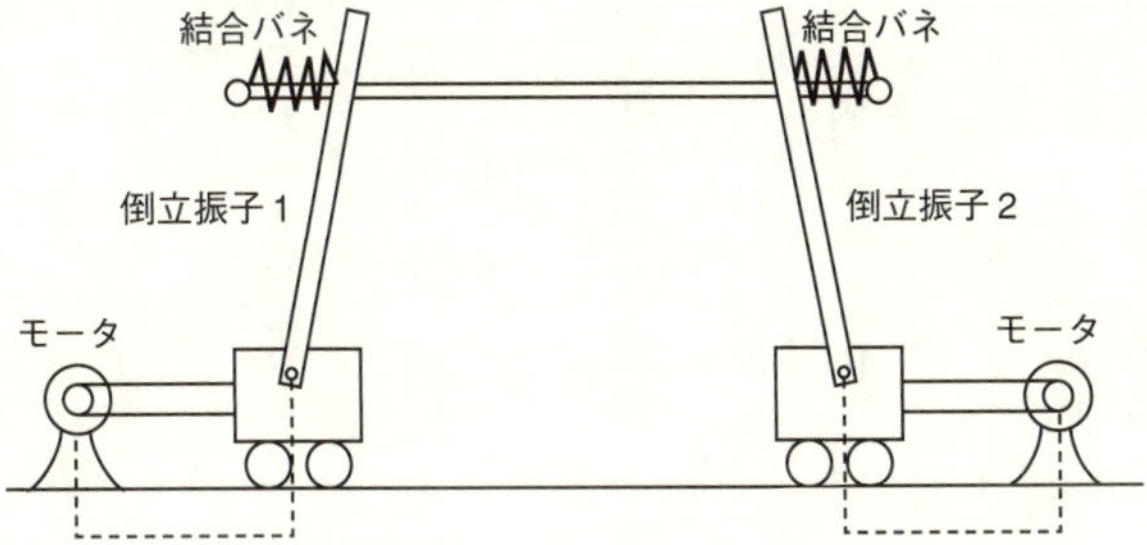

図２-２　結合倒立振子

い時間手のひらの上で逆立ちさせることができた。

　この手のひらの動きを制御で自動化したのが倒立振子（図２-１）である。振子の鉛直方向からのずれをポテンションメータが検出し、それを台車を動かすモータにフィードバックする機構である。台車はふらふらとレールの上を往き来するが、振子は台車の上に安定に立っている。

　倒立振子のはじまりは四〇年以上も前に、東大工学部応用物理学科の磯部孝教授が指導して学生に作らせた二輪車である。この二輪車は図２-１の倒立振子よりずっと簡単なものだったが、原理は同じである。学園祭のデモンストレーションで見事に安定して動き、評判になったそうである。

　二〇年以上も前になるが、筆者も、二台の振子をバネで結びつけた倒立振子の実験をやったことがある（図２-２）。一台の場合と違って、台車もふらふらせず実に安定していて、スイッチを切って倒してみせて、はじめて制御が効いていることが分かるほどであった。

　つまり一台単独では不安定でも、二台がうまく結びつくと安定性が増したのである。制御の素晴らしさを、その時つくづく実感した。

もっとも、得意になって、その頃何回か出席した結婚式の披露パーティでこの話ばかりして、元学生の新郎や新婦たちの顰蹙《ひんしゅく》を買ったおぼえがある。

倒立振子を並べるのではなく、倒立振子の上に倒立振子を重ねる二重倒立振子も、「保つ制御」でそれほど苦労なく安定に倒立させることができる。さらに東京工業大学の古田研究室では、視覚をフィードバックすることにより三六〇度全方位の三重倒立振子の安定化に成功している。

理論的には、何段でも重ねて安定に立たせることができるが、四重以上重ねた場合の成功例を筆者は知らない。

自動化は「省く制御」

オフィスにある空調機に制御装置がついていなかったらどうするだろう?

朝、最初に出勤した人がスイッチを入れるだろう。夏なら冷房がはじまるが、きっとそのうち冷え過ぎて、誰かが立ってスイッチを切らなければならなくなる。すると今度は室温が上がってくるから、いずれまた誰かが立って行って、スイッチを入れなければならない。そして、また誰かが立ち上がってスイッチを切る。……これを繰り返さなければ室温は快適に保たれない。

そのため「保温係」が必要になるが、その人は他の仕事は手につかないかもしれないから、会社は室温を保つために、一人の人間を雇う羽目になる。

もちろん、実際には空調機に組み込まれた制御装置が、室温を「保つ制御」をしている。しかも人間よりもずっと上手にやってのける。

つまり、人手に頼る「保つ制御」を自動的にすることによって、労力を省いてくれる。「合わせる制御」「保つ制御」と並んで「省く制御」が登場する。

「省く制御」が省こうとしているのは、まず人手である。人がやっている仕事を機械に肩代わりさせることは、オートメーションすなわち自動化である。制御工学の歴史は自動化の歴史と重なる部分が多い。

自動化の歴史を振り返ると、人間が自動化にどれだけ執念を燃やし、その実現のためには惜しまず代価を払ってきたかが分かる。たとえば次ページ図２−３は二〇〇〇年も前にアレキサンドリアのヘロンによって発明されたと伝えられている、自動ワイン注ぎ装置である。

このような例を見ると、人間はもともと怠惰な動物ではないかと思わせられる。たしかに、人間が楽をするための自動制御装置がさまざまに考案されてきた。空調機もその一つである。

しかし「省く制御」が人間が楽をすることだけを目的にしてきたかというと、けっしてそうではない。

チャプリンの映画『モダンタイムス』に教えられるまでもなく、人間は単純労働を長時間するようにできてはいない。たぶん人間の筋肉・神経系にとって、単純な繰り返し作業はもっとも苦手な種目である。苦手だからうまくできない。単純な繰り返し作業は、機械にやらせたほうがう

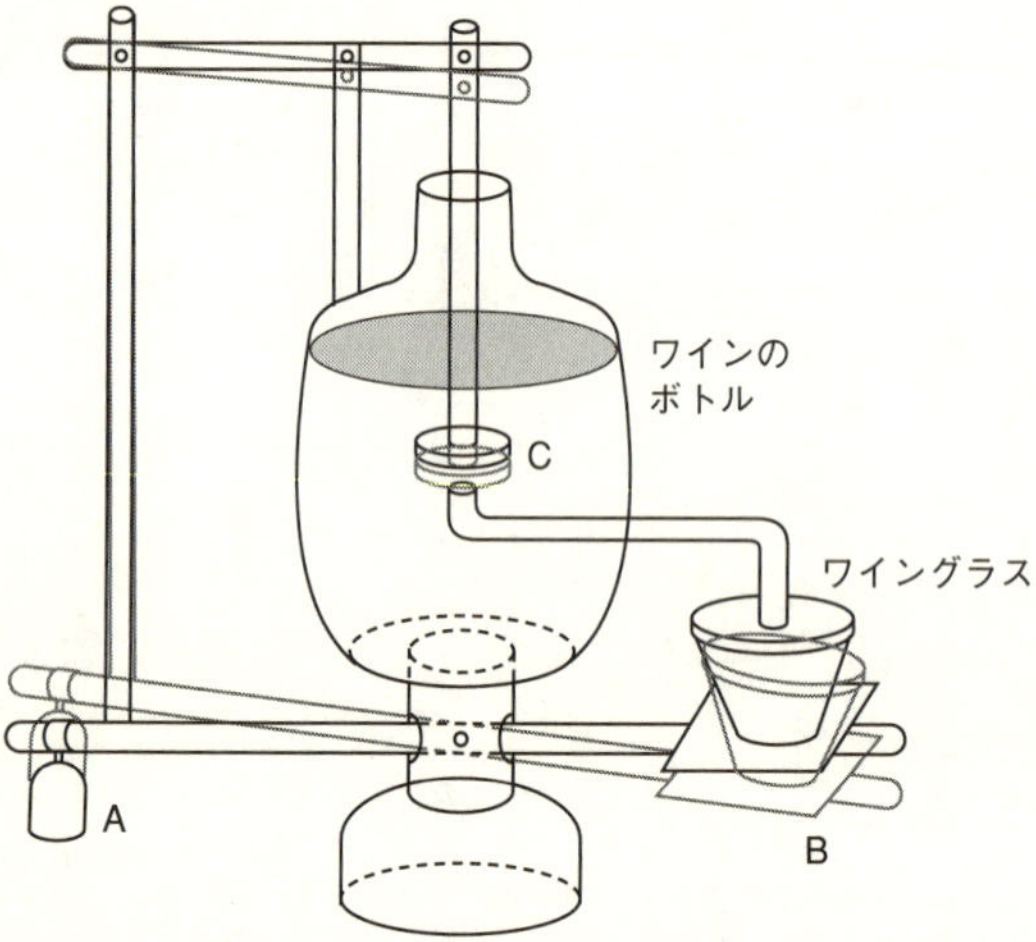

ボトルにはワインが入っている。ワイングラスBが空で分銅Aより軽いとAが下がり、バルブCが開いてワインがBに注がれる。グラスにワインが満ちてAより重くなると、Bが下がり、バルブが閉じてワインの供給は止まる。

図2-3　ヘロンの自動ワイン注ぎ

まくできる。空調機の制御系と人間の保温係のどちらをオフィスの人々が歓迎するかといえば、間違いなく空調機の制御系であろう。

省エネは「省く制御」の真髄

「省く制御」が省こうとしているのは人だけではない。制御するためのエネルギーやパワーを省く（節約する）のも重要な課題である。冒頭に述べた空調機の制御でも、「保温係」による操作よりも空調機の制御系のほうが、エネルギーの消費量はずっと少ないだろう。

三〇年前に見舞われたオイルショックの時、エネルギー節約のためにいろいろなスローガンが考えられた。その中に「きめ細かくスイッチを」というスローガンがあった。電灯や空調機のスイッチのそばにこれを書いた短冊を張りつけて、注意を促したのである。

制御はまさにこれを不言実行している。機械が制御するから、いくらでもきめ細かく空調機をオン・オフすることができる。それによって望みの室温とエネルギーの節約が得られるのであるから、自動制御はまさに一石二鳥である。

目的と手段をきめる

制御を「目的に向けた影響力の持続的行使」と定義したように、制御には必ず「目的」がある。その目的をきちんと設定することから、制御ははじまる。

多くの場合、制御の目的はある量に望ましいふるまいをさせることである。たとえばワットの調速器（19ページ図1-2）では、蒸気機関の回転数を一定にすることが目的であった。船のオートパイロットなら、船の航路を望ましい針路に沿って動かすことが目的である。

望ましいふるまいをさせたい量とは、すなわち制御したい量で、これを制御量とよぶ。

ワットの調速器では、制御量は回転数であり、望ましいふるまいは回転数が一定の値に保たれることである。船のオートパイロットでは、制御量は船の位置（緯度、経度）と速度、望ましいふるまいは指定された航路に沿って航行することである。航空機のオートパイロットでは、制御量に高度も加わる。

目的が設定されたら、次に「影響力を持続的に行使する」ため、制御量に影響を与える手段を考えなければならない。そのような手段は、ふつうは操作可能な量によって与えられる。ワットの調速器の場合はバルブの開き具合だし、船のオートパイロットの場合は、舵の角度とスクリューの回転数である。このように制御のために操作する量を操作量とよぶ。

操作量は制御対象を通じて制御量に影響を及ぼす（図2-4）。このように、箱を矢印で結んだ図を制御工学ではブロック線図とよぶ。

箱（ブロック）はシステムをあらわし、矢印は信号をあらわす。矢印の向きは信号の流れる方向を示す。そしてシステムは信号を変換すること、すなわち入力と出力の間に因果関係を与えるのが、ブロック線図の意味するところである。

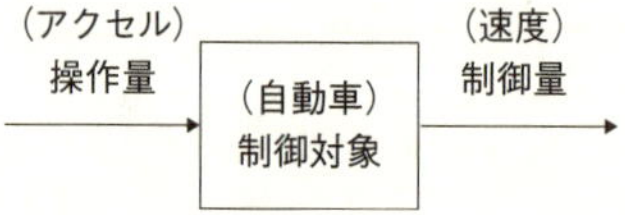

図2-4　制御の基本構造

図2-4は、制御にかぎらず、私たちの行動を表現する基本図式でもある。

たとえば自動車の運転なら、操作量はハンドルを回す角度やアクセルの踏み込み量、制御量は車の進行方向や車の速度、制御対象は車の運動である。

株式投資では、操作量は銘柄の選択や投資額、制御量はキャピタルゲインや配当、制御対象は株式市場となる。

漠然と制御対象を考えるよりも、このように制御したい量と操作できる量との間の因果関係として対象を捉えたほうが、行動目標を具体化しやすい。いずれにしても問題を図2-4の形に表現することは、制御の第一歩である。

「制御量の望ましいふるまい」を定量的にあらわしたものが基準量である。すなわち制御とは「操作量を用いて制御量と基準量との差をなるべく小さくすること」ということになる。

自動車の運転の場合はドライバーが制御器である。ドライバー（制御器）がアクセルを操作するのは、望ましい速度（基準量）と実速の誤差をなくすためである。たとえば時速六〇キロメートルで走ることが基準量であり、そのためのアクセルの踏み込み量が操作量、その結果の実際の速度が制御量となる。

フィードバック制御

それでは、どのような操作量を加えれば「制御量と基準量との差をなるべく小さくする」ことができるだろうか？

制御対象の特性がくわしく分かっていれば、基準値に一致した制御量を生み出す操作量を正確に計算することができる。しかし自動車の速度くらいならともかく、実際問題はそれほど簡単ではない。

たとえば、ある蒸気機関の回転数の基準値が毎分一〇〇〇回転だったとしよう。この回転数を

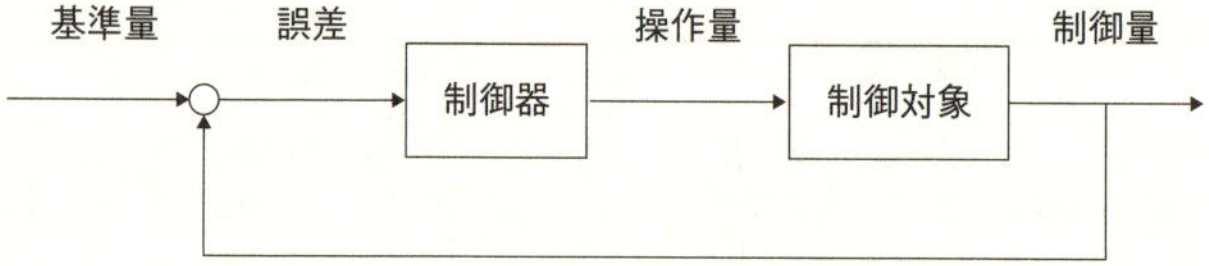

図2－5　フィードバック制御系の基本構造

保つために必要な蒸気量を計算するのはむずかしい。熱力学や流体力学、クランクシャフトの形状などの知識が山ほど必要だし、たとえ計算できたとしても、その計算結果の精度には限界がある。また、一定の蒸気を発生させることが要求されるが、それはボイラーの燃焼の精密な操作を必要とする。

ところがワットの調速器は、そのような面倒を飛び越してこの問題を解決した。すなわち、遠心振子を回すことによって回転数を検出し、その検出値を蒸気供給量を操作するバルブに連動（フィードバック）させることによって、回転数を保つのである。

回転数はバルブの開き具合に対応する蒸気供給量から定まる。そこで回転数の基準値と実際値とのズレ、すなわち誤差がバルブの操作量を決めている。フィードバックは大変便利なもので、制御の基本的な原理なのである。

調速器により、制御量を操作量にもどす（フィードバックする）ことをとおして、適切な操作量を実現する。これがフィードバックである。フィードバックを使えば、制御対象についてほとんど何も知らなくても（調速器の場合は蒸気量を増すと回転数は上がり、減らすと下がるという程度の知識だけで）望ましい操作量を自動的に「計算」してくれるのである。

多くのフィードバック制御系では、このように誤差にもとづいて操作量を決める。これを示したのが図2–5で、このように信号がループ（円環）構造になっているのが、フィードバックの特徴である。

正のフィードバックと負のフィードバック

フィードバックとは、要するに、結果（制御量）が原因（操作量）にもどることで、原因が変化することである。もっと平たくいえば「結果が原因を変える」ことである。

原因の変わり方には大きく分けて二つある。一つは結果を助長するように変わる場合であり、もう一つは結果を打ち消すように変わる場合である。前者は「正のフィードバック」、後者は「負のフィードバック」とよばれる。制御工学で使うのはほとんどが負のフィードバックで、正のフィードバックを用いるのは例外的な場合に限られる。

フィードバックは、もともと自然界にも存在するメカニズムでもある。自然のメカニズムとしてのフィードバックは正のフィードバックが多い。

たとえば、固定が十分でない荷を積んでいる船が、何かのはずみで傾いたとしよう。積荷は傾きに沿って移動するので、船はますます傾く。正のフィードバックの例である。人口増加も正のフィードバックの例である。出生率が上がれば生まれた子供はやがて子を生むので出生率はますます上がる。投資と利潤にも正のフィードバックがある。利潤が生まれるとそれが投資にまわりますます利潤を生む。すなわち金持ちはますます金持ちになる仕組みである。

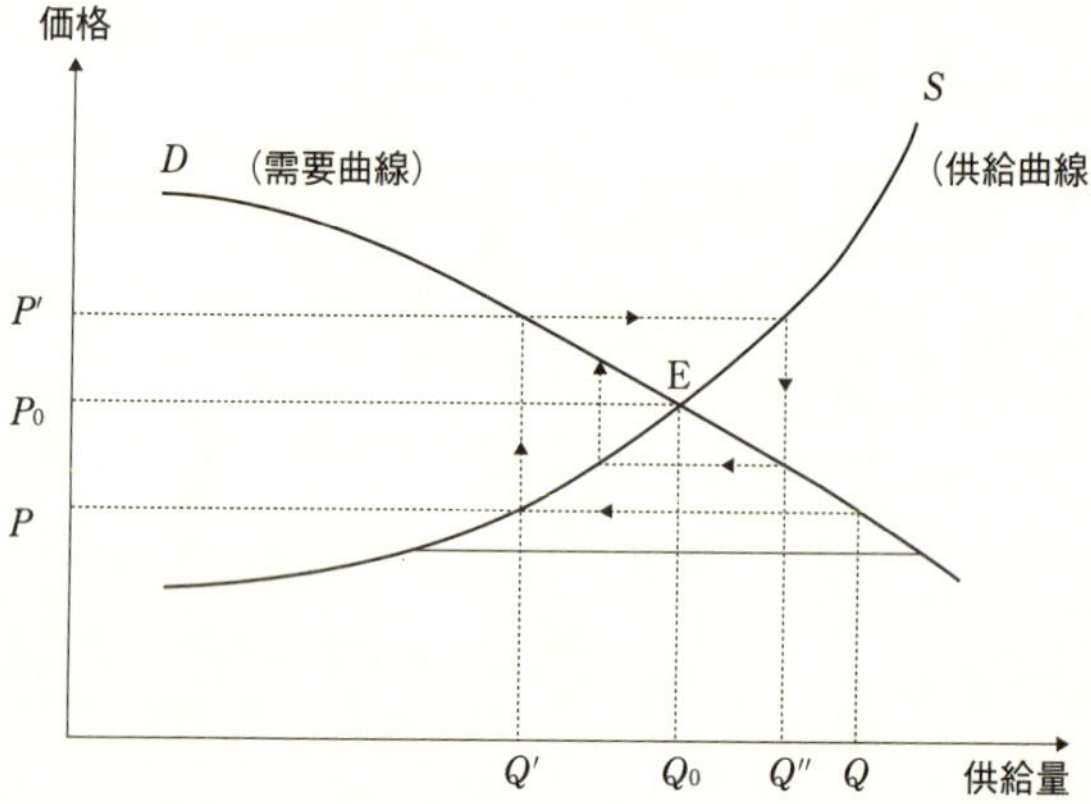

ある価格に対する適正な供給量Q_0より多いQが供給されても、市場のメカニズムによって、いずれQ_0に収束する。

図２－６　価格と供給量の均衡点への収斂

正のフィードバックは、微小な擾乱《じょうらん》がループをめぐる内に成長し、出力の際限ない成長をうながす。俗にいう「スパイラル現象」である。制御ではこのようなシステムを「不安定」とよぶ。

これに対して負のフィードバックは、微小な擾乱の影響は時間とともに減少する。このようなシステムを「安定」とよぶ。安定、不安定については次章でくわしく述べる。

もちろん負のフィードバックも、自然界にたくさん存在する。たとえばアダム・スミスが「見えざる手」とよんだ市場メカニズムは、自然界にある負のフィードバックのもっともよく知られた例である。

図2－6は、横軸に供給量、縦軸に価格をとって、需要と供給の変化を描いたものである。二つの曲線の交点Eが、適正な価格と供

給量となる。

本来の適正な供給量Q_0よりも大きな量Qが供給されると、価格は適正な価格P_0よりも安いPとなる。これがアダム・スミスのいう市場原理の作動である。

実際はこの価格では供給者はQ'しか市場に持ち込まなくなるであろう。そのときは需要が供給を上回るので価格はP'に跳ね上がる。これもアダム・スミスの市場原理の作動である。価格がP'になると供給者はQ''だけ供給する。この過程を繰り返し、やがて本来の需給関係を満足する適正な価格と供給量E（P_0、Q_0）に収束していく。

最大限の利潤を追求する人が集まる市場の論理が、フィードバックをつうじて、誰にも分かっていなかった「適正な価格」を生み、自然に需給のバランスがとれることを示したこの議論は、当時としては画期的なものであった。

スミスは同じ議論を、労働市場での賃金の決まり方についても行い、人口が常に適正規模に保たれることを主張している。この労働市場における「均衡」の存在は、後にアダム・スミスを祖とする古典派経済学のもっとも基本的なテーゼとなった。

「不確かさ」に強いフィードバック

制御量が、操作量によって完全に決まるなら話は簡単だが、実際にはそうでない場合が多い。制御量は、操作量だけでなく、他のさまざまな要因に左右される。

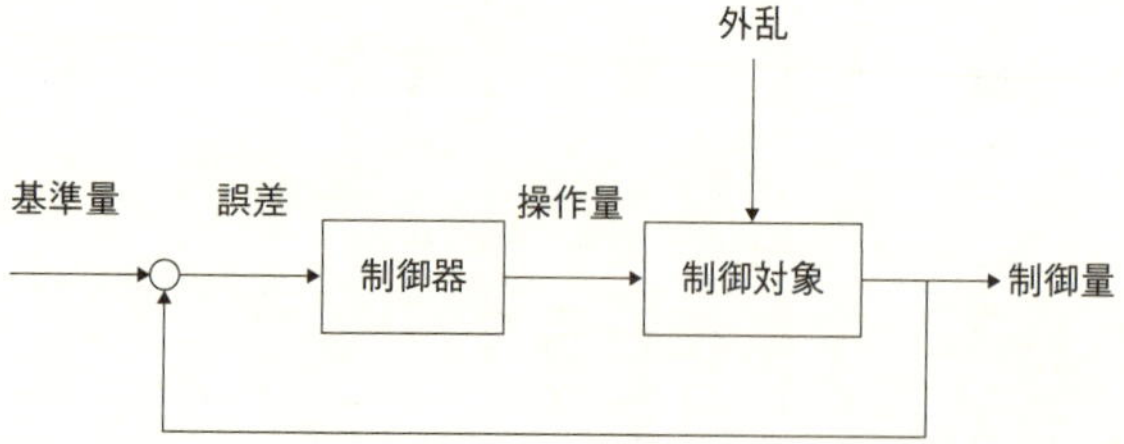

図2-7　外乱のある場合のフィードバック制御系

たとえばワットの調速器の場合、制御量である回転数は、操作量であるバルブの開き具合だけでなく、蒸気の流量や温度、回転軸の慣性モーメントや摩擦など、数多くの因子に支配される。制御量を決定する因子のうちで、操作できるのが操作量である、という方が早い。

操作量以外の制御量の決定因子を、総称して外乱とよぶ。外乱が分からなければ、操作量をもとめることはできない。

しかしフィードバックを用いれば、外乱を知らなくても、その影響を小さい範囲に抑えることができる。制御工学ではこれをフィードバックの外乱抑制効果とよんでいる。

なぜフィードバックが外乱を抑制することができるのかを説明することは本書の範囲を超えるが、簡単にいえば、信号を大きく増幅する素子をループ内に置くことによって、信号がループをまわるうちに外乱の大きさを相対的に小さくできるのである（図2-7）。

外乱とならぶ制御の強敵は、制御対象の経時変化である。制御系を作った当初はうまく制御が働いていたのに、時間が経つうちに制御対象の特性が変わって（特性変動）、制御器との相性が悪くなり、

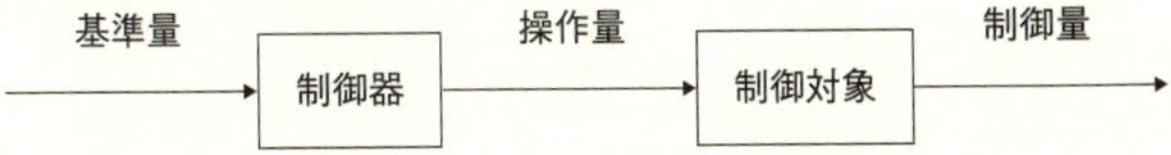

図2-8　外乱がない場合のフィードフォワード制御系

次第に性能が劣化してくるのである。これに対処する制御系の保守は、重要な、しかも手間のかかる仕事である。このような作業は、しないですませるにこしたことはない。

これに対してもフィードバックは有効な処方箋となっている。フィードバックによって特性が変わってもその影響を減らすことができる。これを感度低減とよぶ。感度低減は制御系設計のおもな目的の一つである。

外乱も特性変動も制御の不確定要因だが、フィードバックは、こうした不確定要因を克服するための有力なツールなのである。

先手を打てるフィードフォワード

もちろん制御対象について正確な知識があり、外乱が存在しない場合は、制御量＝基準量として計算し、必要な操作量を対象に加えれば、制御の目的、すなわち操作量を基準量と一致させることができる。これをブロック線図であらわすと図2-8のようになる。

この場合は、操作量を決めるのに制御量の現在値を用いない。操作量は、制御量がどうなっていようと、目的を達成すると考えられたやり方にしたがって「粛々と」決めるのである。このような制御をフィードバック制御に対してフ

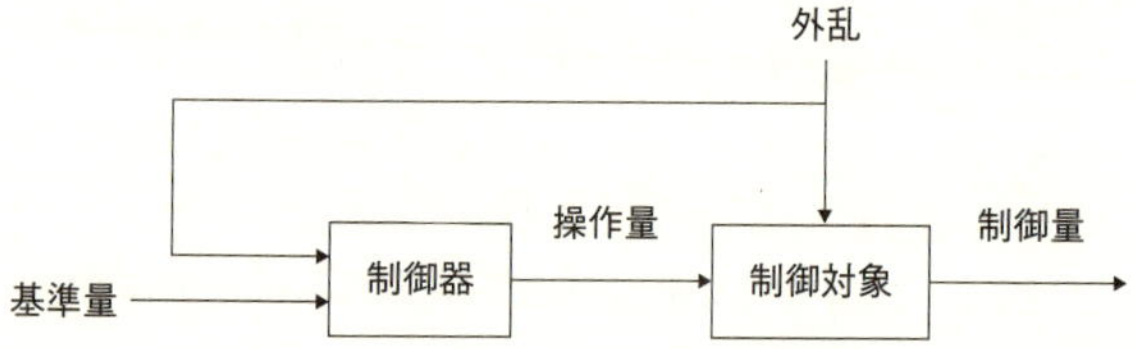

図2-9　外乱のある場合のフィードフォワード制御系

ィードフォワード制御という。

フィードフォワード制御は、制御量が完全に操作量の支配下にあり、操作量をどう動かせば制御量がどう動くかが完全に分かっていて、はじめてできる制御の方式である。しかしそのような場合は、実際は稀にしか起こらないことはすでに述べた。

外乱が存在する場合でも、それが正確に測れ、制御量に与える影響も完全に分かっている場合には、フィードフォワード制御が可能である（図2-9）。

これは図2-7よりも積極的な制御で、外乱が制御量を乱す影響を見越し、あらかじめそれを打ち消すような操作量を加えることで対応している。つまり先手を打つ制御である。

先手を打つことができれば、結果すなわち誤差が生じてから修正が効き始めるフィードバック制御よりも、よい性能を達成できるはずである。フィードフォワード制御の利点はここにある。

しかしフィードフォワード制御が有効性を発揮するのは、制御対象の特性がよく分かっていることが絶対の条件である。先手を打ったつもりが、相手の反応を読み違え、逆に外乱の影響を助長してしまい、何もしない方がかえってよかったということは、日常生活でもしばしば経験することであろう。

フィードバックとフィードフォワード

フィードバックは、平たくいえば、結果を見ながら操作を変える手法で、私たちが日常生活でもよくやっていることである。たとえば、車を運転していてカーブするとき、車のまがり具合を見ながらステアリングを切ったりもどしたりするのは、フィードバック制御である。

一方、前方の信号が赤に変わるのを見て停止線で止まるのは、フィードフォワード制御である。聴衆の反応を見ながら話の内容や話し方を変えていくのはフィードバック、原稿を棒読みするのはフィードフォワードともいえる。

もう少し突っ込んで考えれば、フィードバックの本質は「情報の節約」にある。結果を見ながら修正動作をするのだから、起こり得る事態をあらかじめ細かく予測しておく必要はない。すなわち前もって必要とされる情報は少なくてよい。

これに対してフィードフォワードは、事をはじめた後は現状がどうなっているかを知る術がないので、起こり得るあらゆる事態に備えて、あらかじめ手を打っておかなければならない。そのためフィードフォワードは、事前に知っておかなければならない情報が多くなる。

大豆の入った袋があって、その袋から一キログラムの大豆を取り出すにはどうしたらよいだろう？

一つの方法は、大豆一粒の重さを調べ、それから一キログラム分の大豆の数を計算し、それだけの粒を袋から取り出すことである。大豆一粒の重さをWグラムとすれば、W分の一〇〇〇個の大豆を取り出せば一キロになるはずである。

もう一つの方法は秤《はかり》を使うことである。一キログラムの分銅とつりあう大豆の量を、秤の傾きを見ながら加減して取り出す方法である。

いうまでもなく第一の方法はフィードフォワード、第二の方法がフィードバックである。

フィードフォワードは「一粒の重さがWグラムである」という知識にもとづいて一キログラムの大豆の量を決定するのに対し、フィードバックは一キログラムの分銅を頼りに、それと同じ重さの大豆を比較と試行錯誤によって取り出そうとする。

フィードフォワードは、その名のとおりいつも「前向き」で、ひたすら粒を数えるだけである。それに対してフィードバックは、結果をとおして、やったことを振り返りながら事を進める。秤が分銅の側に傾けば大豆を増やし、大豆の側に傾けば大豆を減らす、という作業を平衡するまで続ける。皆さんならどちらを選びますか？

たとえばフィードフォワードの場合、大豆一粒の重さがWグラムである、という知識が間違っていたり、大豆一粒一粒の重さにばらつきが大きく、Wグラムというのはごく粗い平均値に過ぎなかったりしたら、取り出した大豆の重さは一キログラムとかなり隔たってしまうかもしれない。それに比べてフィードバックは、大豆一粒の重さを知る必要はない。分銅の重さが正確でありさえすればよい。

すなわち、フィードバックは、フィードフォワードにくらべてはるかに少ない情報量でよいのである。

ただしフィードバックは、対策が後手にまわってしまうこともあり得るのが欠点となる。そこで一番よいのは、フィードバックとフィードフォワードを組み合わせて使うことである。事前に得られるだけの情報をもとに、考えられるすべての必要な手を打っておき、事がはじまってからは進行中の事態を十分認識し、予期しなかったことが起これば間髪を入れず修正するのである。制御にかぎらず、あらゆる計画の実施はこのように実行されるべきであろう。

フィードバック制御の仕組み

制御の実際の仕組みを、もう少しくわしく述べよう。

制御を行うには、常に制御量の値を知る必要がある。これはフィードバック制御の絶対条件である。制御量以外でも、制御対象の現状に関する情報を含む変量で測定できるものは、可能なコストの範囲で測定することが望ましい。センサー（検出部）はこのためのものである。

たとえばワットの調速器（19ページ図1-2）では、振子が回転数を測定するセンサーである。倒立振子（64ページ図2-1）では、振子の角度と台車の位置を測る必要がある。振子の傾きは、たとえば電気抵抗が回転角度に比例することを用いたポテンショメータを使えばよい。

センサーは、対象の状況を時々刻々知るためのもので、制御系の性能はセンサーの性能に依存するところが大きい。センサーに必要なのは、正確にそして速く情報を制御器に送ることである。

センサーから情報を得た制御器は、その情報にもとづいて、どのようなアクションをとるかを決定する。アクションの決定は、あらかじめ制御器に組み込まれている計算手順にしたがって行われる。この計算手順を制御アルゴリズムとよぶ。演劇でいえば台本である。

制御アルゴリズムを実行する装置が制御用計算機で、現在では汎用のデジタル計算機を使うことも多い。

「合わせる制御」「保つ制御」の制御用計算機に必要な情報は、制御変数の望ましい値と実際の値の差、すなわち制御誤差である。制御誤差を知り、それを減らす方向に操作を加えるのが制御器の役割であり、制御アルゴリズムはその操作を計算するためのものである。

倒立振子の場合は、望ましい角度は鉛直方向だから、振子の鉛直方向との傾きが制御誤差となる。これが減る方向、すなわち台車を振子の傾く方向に動かすようにモータに制御信号を送ってやればよい。

ただし、実際にはこのように単純ではない。次章で述べるように、対象は「ダイナミックス」をもち、ダイナミックスはしばしば直感を裏切る複雑なふるまいを示す。ダイナミックスの性質をよく考えてアルゴリズムを作る指針を与えるのが制御理論である。制御アルゴリズムは制御系全体の動きを統括する頭脳の働きをするので、それをどのように作るかは対象が複雑になればばな

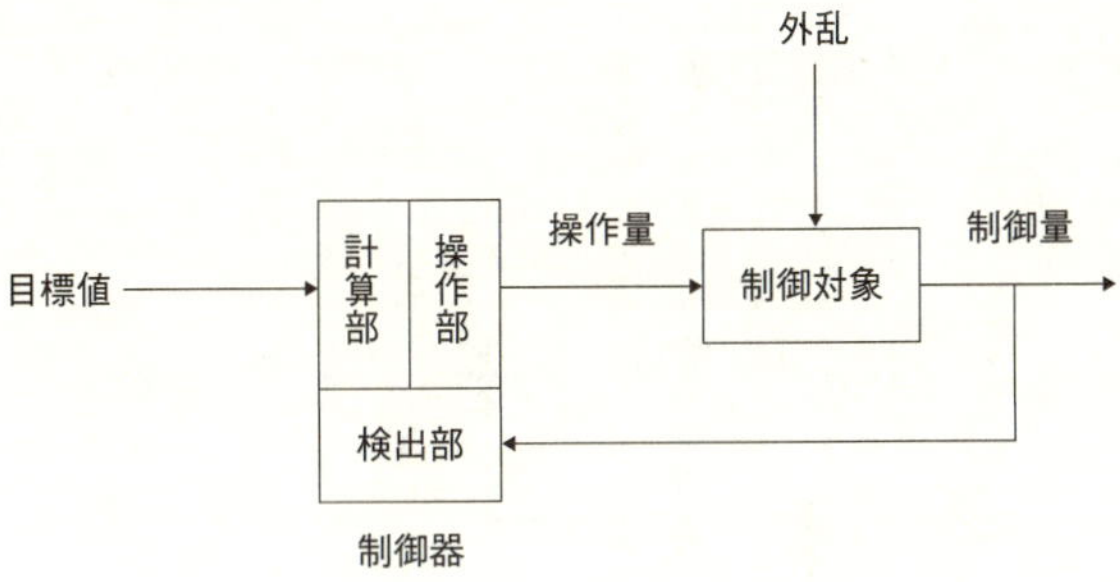

図２-10　フィードバック制御系の一般的構造

るほど制御の死命を制することになる。

　制御アルゴリズムでもとめた操作指令を実際に実行し、制御対象にアクションをとるのが操作部、すなわちアクチュエータである。アクチュエータもセンサーと同様、指令を正確に、しかもすばやく実行する能力が要求される。

　アクチュエータの役割は適当な力やエネルギーを対象に加えることである。たとえば倒立振子の場合、アクチュエータは台車を動かすモータである。

　対象から情報を入手するセンサー、対象にアクションを行うアクチュエータ、制御アルゴリズムを通して両者を結ぶ制御用計算機が三位一体となって制御が行われる。人間でいえばセンサーは視覚、聴覚などの五感、アクチュエータは筋肉、制御用計算機は脳に対応する。

　図２-10にフィードバック制御系の一般的構造を示す。

センサーはフィードバックの命綱

　センサーが正しい情報をもたらさないと、フィードバック制御はうまく働かない。それどころか制御系全体に大きなダメージを与える。悪いセンサーを使うくらいなら、フィードバックをやめるべきである。

敵対関係にある国に対しては、スパイ活動によって相手国の内情を探り、その情報にもとづいて外交政策をきめることがある。たとえば一九六二年のキューバ危機で、ケネディ大統領がフルシチョフ首相に対して強い態度で臨めたのは、ソ連国内に放ったスパイが、ソ連のミサイル技術の弱さを確認していたからだという。これは一種のフィードバック制御である。

しかし、もしそのスパイが敵の二重スパイだったらどうなるか。ウソの情報に攪乱され、場合によっては敵に踊らされた結果となり、大きな損害を被る。スパイすなわちセンサーの役割はきわめて大きい。もしキューバ危機の際に、アメリカのスパイがソ連の二重スパイだったら……。

第1章で述べたジャイロスコープは、角速度センサーだが、制御ではあらゆる物理量が制御の対象となる。位置、速度、加速度、角度、角速度、歪みなどの幾何学量、温度、圧力、濃度、pH、成分などの化学的な量、電圧、電流、磁束密度、周波数、位相、流量、力、トルクなどの物理量、粘度、インピーダンス、密度、重量、硬度などの物性値等さまざまなセンサーが用いられている。

それぞれの計測器は、それぞれの開発の歴史をもっていて、制御の歴史は計測の歴史と軌を一にしている。ある量を測るセンサーが開発されたことによって制御が実現した事例は数多い。

たとえばエンジンの空燃比制御では、排気ガス中に燃え残った酸素がどれくらい含まれているかが分かれば、それにもとづいてエンジンに供給する空気の量を加減するフィードバック制御が可能となる。しかし数年前までは、酸素成分の測定には三分間かかった。三分前の情報にもとづいて空気の量を制御してもまったく意味がなく、したがって空燃比の排ガスによるフィードバック制御は、長い間実現できなかった。

これが近年、成分計測の技術が急速に進歩し、排ガスフィードバック制御も実現されつつある。計測は、制御にとって下支えしてくれる頼りになる相棒である。

ちなみに、民主政治は世論を聞きながら政策決定していくフィードバック政治で、そのセンサーが選挙や世論調査といえよう。

力を出すアクチュエータ

センサーとならんでアクチュエータも、制御にとってなくてはならない相棒である。アクチュエータは実際に対象を動かす力仕事を担当する。ワットの調速器では、バルブを含む蒸気の供給装置（ボイラー）がアクチュエータとなる。船のオートパイロットでは、舵を動かす動力機構がアクチュエータである。

アクチュエータは大きなパワーを発生するが、それを比較的小さなパワーレベルの「制御信号」で変化させられるのが特徴である。ワットの調速器では、回転数を変えるためには蒸気の供給量を変化させなければならないが、それは小さなパワーで動くバルブを開閉することによって実現する。大男を小男が意のままにあやつるのが制御の醍醐味である。

アクチュエータでもっともよく使われるのは電動機、すなわちモータである。モータはさまざまな機器を物理的に運動させるのに、もっとも手軽で使いやすいアクチュエータである。

一般の家庭にもたくさんのモータがある。電子レンジのターンテーブル、冷蔵庫やエアコンのコンプレッサーやファン、ひげ剃りやドライヤー、時計、パーソナルコンピュータのハードディスクドライブ、VTRなど。自動車にもスタータやワイパー、パワーステアリング、パワーウインドウ、ミラーの駆動など、たくさんのモータが使われている。

ただし制御のアクチュエータとして使うモータは、発生するトルクが自在に変えられなければならない。このために特別に設計されたモータは、サーボモータとよばれている。ロボットや工作機械の送り、ハードディスクドライブなど、精密な制御に使われるアクチュエータは、ほとんどがサーボモータである。

サーボモータの性能は、いかに速く制御の指令にしたがって動作を変えることができるか、にかかっている。すなわち即応性が性能の鍵を握る。

即応性はモータの容量が大きくなればなるほど得にくくなる。出力を一ワットから一〇ワットへ一ミリ秒で変えるのはやさしいが、一キロワットから一〇キロワットへ一ミリ秒で変えるのは至難の技である。この分野はパワーエレクトロニクスとよばれている。制御の発展はセンサーとならんでパワーエレクトロニクスによるところが大きい。

アクチュエータは電動機以外にもたくさんある。代表的なのが油圧と空気圧を使うアクチュエータである。

　油圧アクチュエータは大きなパワーを必要とする操作に用いられる。たとえばパワーショベルやクレーンなどはその操作と制御に油圧モータが使われている。産業用ロボットもかつては油圧駆動が広く使われてきたが、電動機の性能とパワーが上がってきたので、電動が主流になりつつある。

制御のアルゴリズム

　センサーの得た情報にもとづいてアクチュエータをどう動かすかを考えるのが、制御系のアルゴリズムである。国の政治でいえば政策の決定で、制御のもっとも重要な部分である。

　すでに述べたように、フィードバック制御の長所は、制御対象に関する知識が不完全でもよいことである。極端な場合ほとんど何も知らなくてもよい。制御器にいくつか調整可能なパラメータを設けて、検出端と操作端に結び、制御のテストを繰り返しながら、制御器のパラメータを試行錯誤で調整していくのである。

　ただしこれを上手にやるには経験が必要で、同じような対象で調整をやった経験があればベターである。どうしてもうまくいかない場合もある。実は三〇年前までは、このような試行錯誤が制御系設計とよばれていた。

　一方、一九三〇年代から使われはじめ、現在でももっとも広く使われている制御器がＰＩＤ調節計である。これについては第4章でくわしく述べる。

試行錯誤にもとづく設計には、いろいろな意味で限界がある。

まず、制御性能がどこまで達成できるか、あらかじめ知ることができないから、調整を完了するタイミングがむずかしい。調整を終えたと称してシステムをユーザーに納入した時、後髪を引かれる思いがすると語る制御技術者は多い。

また、たくさんのループを調整しなければならないとき、ループ間の干渉が生じると厄介である。一つの制御器の調整を終えて次の制御器の調整をはじめると、先に調整ずみの制御器の動作が乱れてしまうのである。それを繰り返しているうちに、収拾のつかない混乱に陥るケースもある。

最近のように、制御系の規模が大きくなり要求される性能も高くなると、このような試行錯誤に頼る方法が望ましいとはいえない。制御の対象をよく解析し、対象の特性にマッチした制御アルゴリズムを合理的に設計する方がよい。前章で述べた最適制御や現代制御理論が一九六〇年代のはじめに誕生した背景には、このような考え方がある。

後に述べるように、制御の対象はダイナミックスという複雑な現象を引きずったシステムであり、直感的に捉えるには限界がある。きちんとした理論の枠組みを作り、理論にもとづいてアルゴリズムを導き出す必要がある。こうして現代制御理論が生まれた。

現代制御理論はモデルにもとづく制御で、出発点とするのは制御対象のモデル、すなわち制御対象を数学的に表現したものである。その表現の仕方にはいろいろな方法があるが、それを用いてモデルを対象の表現と考え、それを最適に制御する制御器のモデルを計算するのである。

モデル作りのむずかしさ

モデルを用いれば、制御対象にどのような操作を加えれば、制御対象がどう振る舞うかが、あらかじめ予測できる。この知識をフルに利用すれば、最適な制御ができるはずである。モデルをもとめることをモデリングとよぶ。モデリングはシステム解析とほぼ同義語である。

しかし対象のモデルを得るのは簡単なことではない。対象とする機器やシステムの機能や構造、要素の結合の仕方、ダイナミックスを支配する、さまざまの物理法則などを知らなければモデルを作ることはできない。

モデルにはたくさんのパラメータが含まれる。材料の物性値や部品の形状、化学反応の速度などはその値が知られていることが多い。しかし、摩擦係数や結晶の析出速度、熱伝達係数など、物理的な根拠もはっきりせず、変動しやすいパラメータも少なくない。これらのパラメータは実際に何らかの実験を行い、そこから得たデータを解析することによってもとめることが多い。

たとえば圧延機の場合、材質や寸法が分かっている材料を圧延機に通したとき、荷重や張力がどのくらい発生し、出て来た板の厚さはどうなるかがモデルを使って計算できればよい。しかしそれは簡単ではない。圧延機の大きさや重さ、摩擦や変形抵抗などの物性値、モータの特性などを知らなければモデルは作れない。

また、六軸の産業用ロボットのモデルを作るには、各アームの質量中心、アーム長、摩擦係数などの形状・物性をあらわすパラメータが約一五〇個必要となる。これらのパラメータの値をすべて正確に知ることはむずかしい。

情報が不完全では、それを用いて作るモデルも不完全なものしかできない。そこで制御理論を批判する人々は、不完全なモデルを用いて理論どおりに最適な制御器を計算しても意味がないという。モデルが本質的に不確かさを避けられないにもかかわらず、モデルを必要とすることは、制御理論が現実には適用できない、つまり制御理論の欠陥を意味しているのではないか？　というのである。

不確かさを乗り越えるロバスト制御

この問題を解決したのが、モデルの不確かさを許容する制御系の設計理論、すなわちロバスト制御理論である。この設計法は、モデルが不確かでも、ある範囲内では使えることが保証されるから、ユーザーにとっては朗報である。

一九八〇年代から九〇年代にかけて確立されたH^{∞}制御やμ制御はロバスト制御の方法として脚光を浴び、ほとんどあらゆる業種で実際の制御系設計に用いられ、大きな成果を挙げた。制御理論の応用では一時わが国は他国の追随を許さない状況にあった。

モデルは、計算機という巨大なツールを前提としたとき、制御に限らず多くの分野で大きな役割を果たしている。モデルは実世界と理論のインターフェースである。そしてモデルが含む不確かさは、どの分野でも多かれ少なかれ抱えている問題なので、ロバスト制御の成功は同じようにモデルの問題に悩む他の分野にも展開できるはずである。

手順を整えるシーケンス制御

この章を終えるにあたって、この本では扱わないが、もう一つの制御について触れておこう。それはシーケンス制御である。あえて翻訳すれば「順序制御」となろうか？　最近では「プログラム制御」とよぶことが多い。

ものは、定められた順序にしたがい、さまざまの工程を経て作られる。たとえば化学工場では反応槽への原料の注入、攪拌、加熱、抽出などの操作が何度も行われて製品ができ上がる。材料の加工では仕上がり形状に応じて切削、工具の取り替え、段取り、精度測定、加工物の回転や移動、研削、仕上げなどの操作を厳密な手順を踏んで実施する。

このように一連の手順の流れを自動的に実行させるのがシーケンス制御である。シーケンス制御のポイントは、むだのない手順に工程を組み上げるプログラミングと、それにしたがって工程の終了を確認して次の工程の開始を指令する仕組みであり、シーケンサーとよばれる一種の論理演算装置を工程に接続することによって実現できる。シーケンサーは順序制御に用いるための特別な仕組みを備えた計算機の一種である。

シーケンス制御は、異常状態が発生したときに装置を停止する安全な手順を実行する場合にも重要な役割を果たす。シーケンス制御は工程を始めるか始めないかを判断する二値論理が主流を占め、通常の制御とは異なる枠組みで論じられている。

最近では、個々の工程のフィードバック制御とそれらをつなぐシーケンス制御を統一した枠組みで議論する「ハイブリッド制御」が提唱され活発な研究が進められている。

本書ではシーケンス制御は論じない。その理由はシーケンス制御が計算機科学の一つである論理演算の一種であり、本書のスコープの外にあるからである。だからといって制御の一分野としてのシーケンス制御が重要でないと考えているわけではけっしてない。後に論じるオートメーションではシーケンス制御が大きな役割を演じる。

第3章

森羅万象に宿るダイナミックス

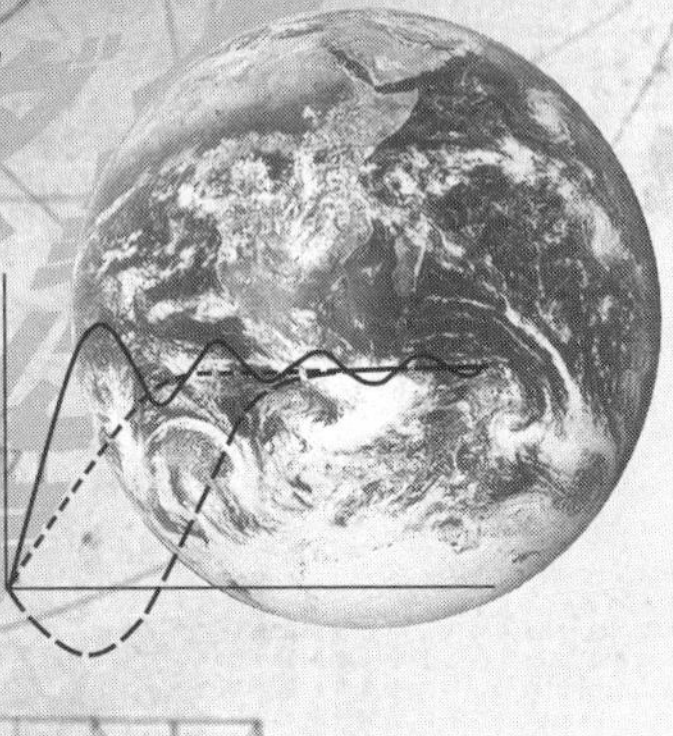

動きを生み保つダイナミックス

時間の流れのなかにある世界は、ダイナミックスに支配されている。自然も社会も人間もダイナミックスから逃れることはできない。そのダイナミックスに手綱をつけ役立たせようとするのが制御である。制御は、ダイナミックスとともに生きる人間の知恵の産物である。

「ダイナミック」という言葉は、日常生活ではしばしば形容詞として用いられる。たとえば「この映画のストーリーはダイナミックな展開を見せる」とか「このテニスプレーヤーの動きはダイナミックだ」など。

単純に日本語に訳すと「動的」だが、実際には、力強く変化に富み、しかもランダムな変化ではなく、意図のはっきりした変化のことである。

ダイナミックな現象を生み出すのが、後述する、事物の「ダイナミックス」という性質である。また、変化は時間を通してはじめて認識されるから、ダイナミックスとは時間経過にともなってあらわれる性質である。

時間の流れのうちに生きなければならない私たちは、否応なしにダイナミックスの中に生きている。ダイナミックスを森羅万象を説明する根本原理としたのはニュートンである。ニュートンは力学を通して「動き」こそがこの世の中の本質であり、「静止」は動きの一つの特殊な場合に過ぎないことを示した。

ニュートン力学のもう一つの原理は、物体の運動を変えるには「力」と「時間」を必要とする、ということである。

空前の興行成績をあげた映画『タイタニック』のクライマックスの一つは、見張りが夜霧の中で船の前方四〇〇メートルに氷山をみつけてから衝突するまでの息詰まるシーンである。操舵手の必死の回避操作にもかかわらず、船の舷側がガリガリと氷をかみながら進んで行く衝突の場面は、悲しい迫力に満ちている。

タイタニックはなぜ氷山を回避できなかったのか。答えは簡単で、私たちの世界がニュートン力学にしたがっているからである。「物体の運動を変えるには時間がかかる」というダイナミックスの原理が、四万六〇〇〇トンの巨大な豪華客船の運動を急速に変えることを阻んだのである。ダイナミックスは、動きを生み出しながら動きを変えることに抗う不思議な存在である。

このダイナミックスこそが制御の相手である。あるときはダイナミックスを克服することが期待され、あるときはダイナミックスを利用することが要求される。絶妙な制御を達成するためにはダイナミックスをよくわきまえなければならない。制御とダイナミックスとは切っても切れない関係にある。

ダイナミックスを担うもの

それではダイナミックスとはいったい何か？

もっとも広い文脈で定義すると、ダイナミックスとは、過去の作用が未来の挙動に影響を与える事物の属性である。「作用」「挙動」という言葉があいまいなら、それらを「入力」「出力」に置き換えてもよい。

ダイナミックスがもっとも典型的な形であらわれるニュートン力学では、過去の作用はそれが現在もっているエネルギーの大きさで表現される。現在もっているエネルギーの大きさは、過去の作用を集約したものであり、そして未来の挙動はエネルギーに大きく影響される。

タイタニック号についていえば、この巨船がもっていたエネルギーは、それまで機関によって供給され航海のために使われてきたものであり、タイタニック号の過去にかかわっている。過去はエネルギーをつうじて未来に影響を与え、その結果として、タイタニック号の未来にあのような悲惨なできごとをもたらしたのである。

力学の世界では、エネルギーを貯えられることでダイナミックスを生み出す。動いているものはすべて運動エネルギーをもっているから、動いているものはすべてダイナミックスにしたがう。人間も例外ではない。

ちなみに、エネルギー以外にも、ダイナミックスを生み出すものはたくさんある。過去の作用によって蓄積され、未来の挙動に影響を及ぼすものはすべてダイナミックスの担い手である。たとえば、人類は産業活動を通して大量の廃棄物を地球に生み出してきた。そしてそれが私たちの生存を脅かしつつある。環境汚染は、過去の活動の産物が未来に影響を及ぼすダイナミックスの典型的なあらわれなのである。

ダイナミックスとスタティックス

ダイナミックに対して「スタティック」という言葉がある。「静的」という意味であり、それを生み出す事物の性質「スタティックス」は、時間を必要としない性質である。

ダイナミックスが過去によってもたらされるものであるなら、スタティックスは過去のない、あるいは過去を無視して成り立つ性質である。つまりスタティックスでは、作用の影響が直接あらわれる。

材料に力を加えると、力に比例した変形を生じる。これは材料力学で応力と歪みの関係とよばれる基本的な性質で、スタティックな関係である。抵抗をもった導線に電池をつなぐと電流が流れる。電流の大きさは電池の電圧に比例する。オームの法則とよばれるこの事実は、電気工学のもっとも基本的な関係であり、もちろんスタティックな関係である。

このようなスタティックな関係としてあらわされる自然科学や工学の法則はたくさんあり、ダイナミックスを用いて表現される法則よりもはるかに多い。

本来はダイナミックであるにもかかわらず、それを無視して近似的にスタティックな関係と考える場合も多い。

材料に力を加えても直ちに変形するのではなく、正確には短いけれども一定の時間（緩和時間）をかけて徐々に変形する。電気回路のスイッチを入れても、直ちに電気が流れるのではなく、磁気エネルギーを蓄積しながら電流が時間をかけて立ち上がっていくのである。

ただし、それらの過渡的な変化に要する時間は無視できるほど短いので、現象をスタティックに捉えても構わないし、その方が現象を捉えやすい。

過渡的な変化の時間が短くない場合でも、ダイナミックスを無視してしまうことも多い。たとえばシャワーを浴びるとき、お湯の温度をたとえば三五度Cと設定しても、直ちに三五度Cのお湯が出てくるわけではない。最初は冷水が出てきて徐々に温かくなり、やがて三五度Cの湯となる。水の熱容量がダイナミックスを生み、このような水温の変化をもたらすのである。

しかし温度設定のダイヤルの目盛りは、水温の途中の変化は無視し、十分時間が経ったあとのお湯の温度とダイヤルの角度との間のスタティックな関係を示している。

シャワーでは、途中の湯温の変化を気にする人はまずいないから、これで十分役に立つ。しかしダイナミックスが自らを主張するような場合は、それを無視するととんでもないことになる。もし船のスクリューの力と船の速度の関係がスタティックと考えてよければ、タイタニック号は氷山にぶつからないですんだであろう。

いろいろなダイナミックス

ダイナミックスの挙動は複雑で、そのあらわし方はいろいろあるが、図3―1のような入力と出力の間の因果関係として表現することが多い。ダイナミックスの内部機構がよく分からない場

図3-1　ダイナミックスの暗箱表現

合、図の四角の箱は暗箱（ブラックボックス）とよばれる。

入力をある時点でゼロから突然ある値に変化させ、その値を以後一定に保ち、それに対応する出力の挙動によってダイナミックスを表現することがしばしばある。機械の電源をオンにした場合、バルブを一気に開いた場合、材料に荷重を一気にかけた場合などがこのような入力に対応する。これらをステップ入力とよび、それに対する出力を、ステップ応答とよぶ。次ページ図3-2（a）のような応答は、シャワーの湯温などのお馴染みのタイプでもっとも多い。

（b）は「行き過ぎ」をするタイプである。柔らかなソファに乱暴に座ったときに感じるバネの振動がこれである。

場合によっては（c）のようなタイプもある。行き着く先と反対の方向にいったん動く。このような場合を逆応答とよぶ。たとえばボイラーの加熱量を増したとき、ボイラーが発生する蒸気の量はいずれは増すが、その前にいったん減ることがある。これはボイラー液中に一時的に発生した泡によるものだが、これなどは逆応答の典型である。

また図3-3（a）のようなタイプもよく見られる。一定時間経たないと応答があらわれないケースで、応答のおくれ時間をむだ時間とよぶ。たとえばパイプを流れる油の圧力をパイプの入口で増したとき、それが出口に伝わるには時間がかかる。その時間がむだ時間である。

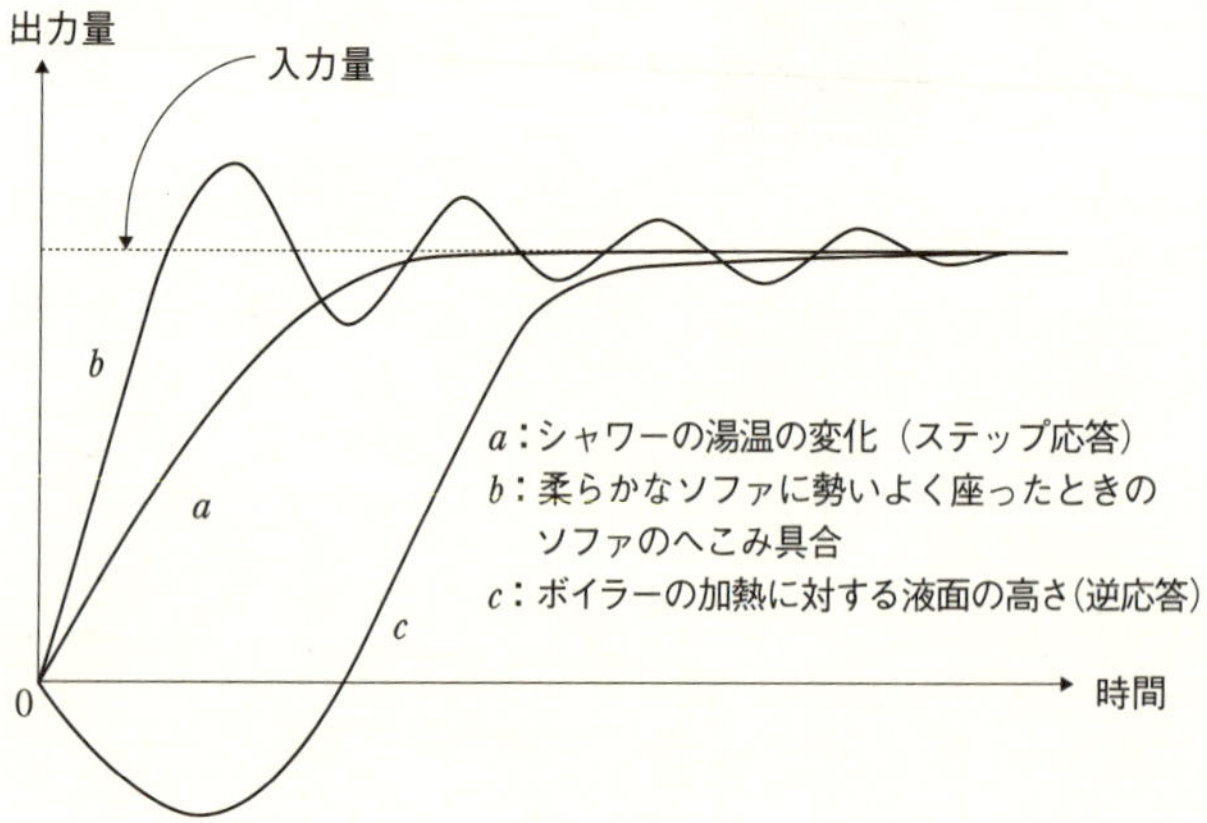

図3-2　ダイナミックスの例 ①

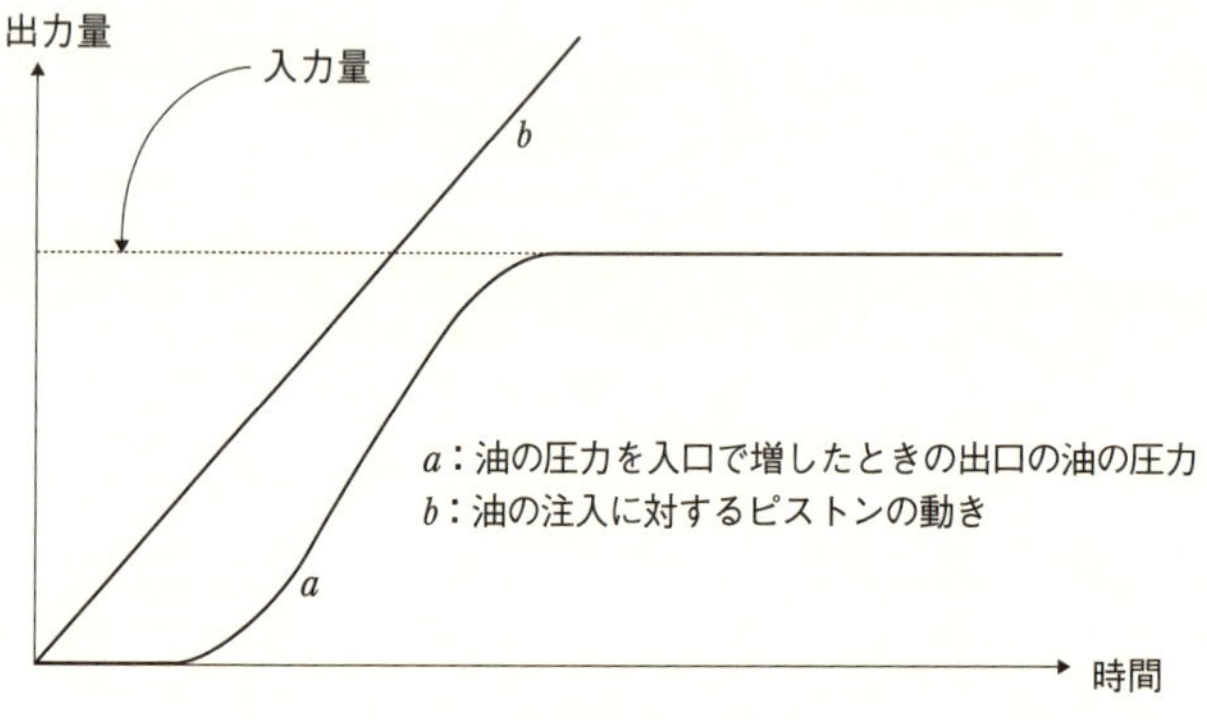

図3-3　ダイナミックスの例 ②

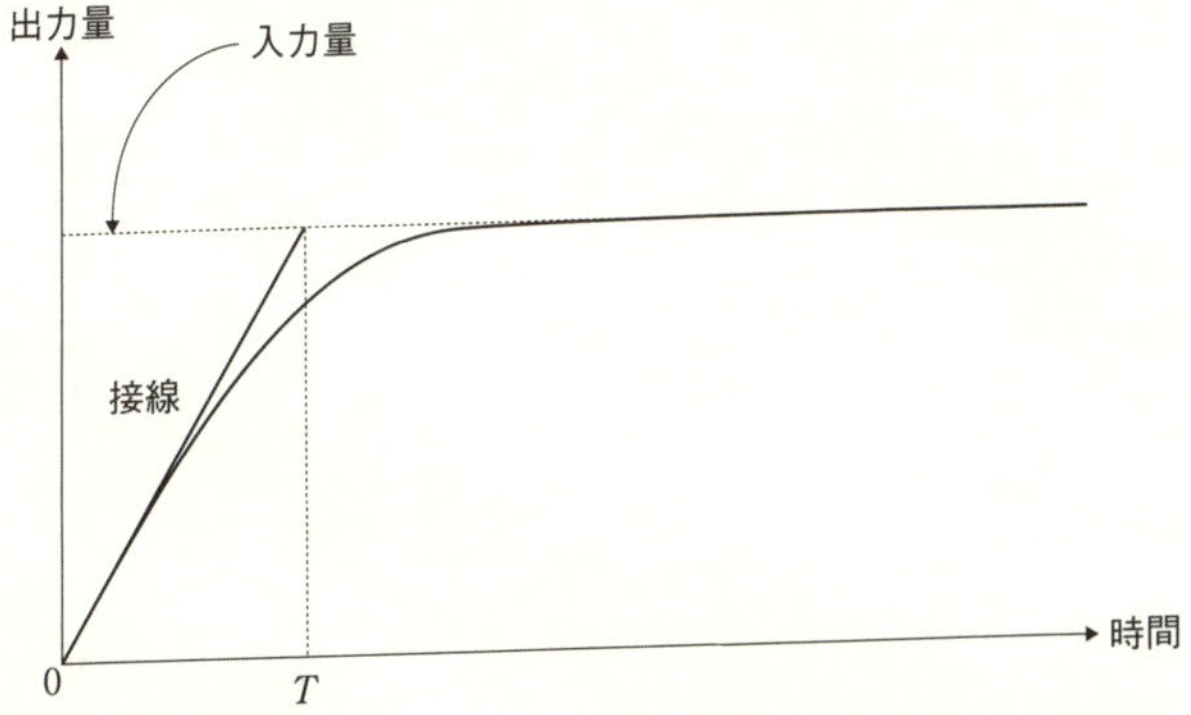

図3－4　時定数

さて、これまでは十分時間が経つと出力の値は一定値に近づいていた。実際はそうでないシステムも多い。たとえば、油圧系でピストンに油を一定流量で注入し続けると、ピストンは定速で動き続ける（図3－3（b））。

制御で問題になるのが応答速度である。応答速度は出力が最終的に落ち着くまでに必要とされる時間で測られる。図3－3（a）のような応答では、応答曲線の立ち上がりの接線が応答の最終値とまじわる時刻で応答速度をあらわす（図3－4）。Tを時定数とよぶ。時定数が短いとき「応答は早い」といい、長いとき「応答は遅い」という。

センサーやアクチュエータでは、応答は早いほどよい。水銀体温計は測りはじめてから三分くらい経たないと正確な体温を示さない。これは水銀が体温を吸収して膨張するのに時間がかかるからである。せっかちな人のため、立ち上がりの速度から体温を予測するクイックレスポンスの体温計も発売されている。

特性曲線と負荷曲線

ダイナミックスとスタティックス、およびそれにかかわる制御の関係を示すため、自動車の自動走行装置を考えてみよう。

自動走行装置は、希望する速度をセットしておけば、制御装置が勝手にアクセル操作をして希望どおりの速度を維持してくれる便利な装置である。ドライバーはハンドルさばきだけ考えていればよい。地平線まで続くハイウエーを長時間走ることの多いアメリカでは、かなりの車がこの装置を備えている。

この自動走行装置は「回転数制御」の典型的な実例である。

図3−5は、運転状態に応じた自動車のエンジンの特性をごく簡略化して示したものである。一般に回転数が上がると出せる回転力（トルク）は減る。その減り方は、アクセルペダルに直結しているスロットルバルブがどれくらい開いているかに依存する。

実際のエンジンの特性はもっと複雑だが、大まかな傾向は、この図で示した右下がりの曲線であらわされる。これを特性曲線とよぶ。

図3−6は、坂道の特性をエンジンの側からごく簡略化して示したものである。道路状況が同じなら、速度を増すのに必要な回転力は大きくなるので、普通このような右上がりの曲線となる。ここで上り坂になると、同じ速度を出すために必要なトルクは大きくなるので、曲線は左上に移

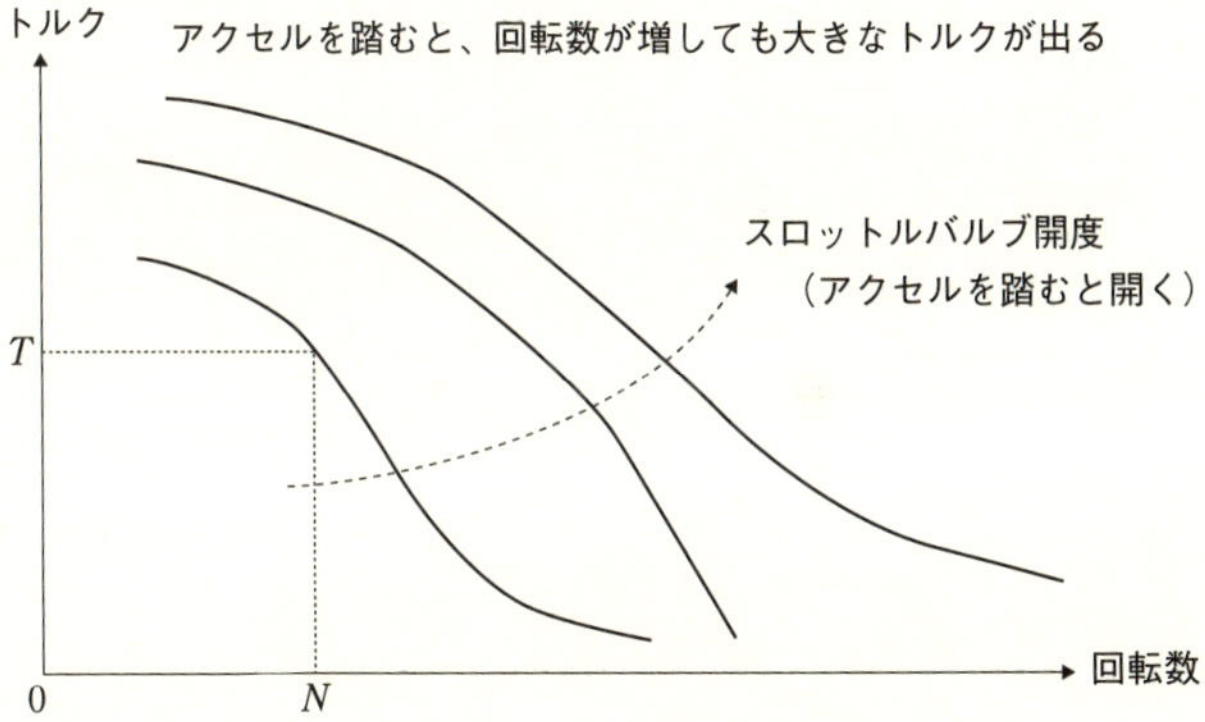

図3-5　エンジンの特性曲線

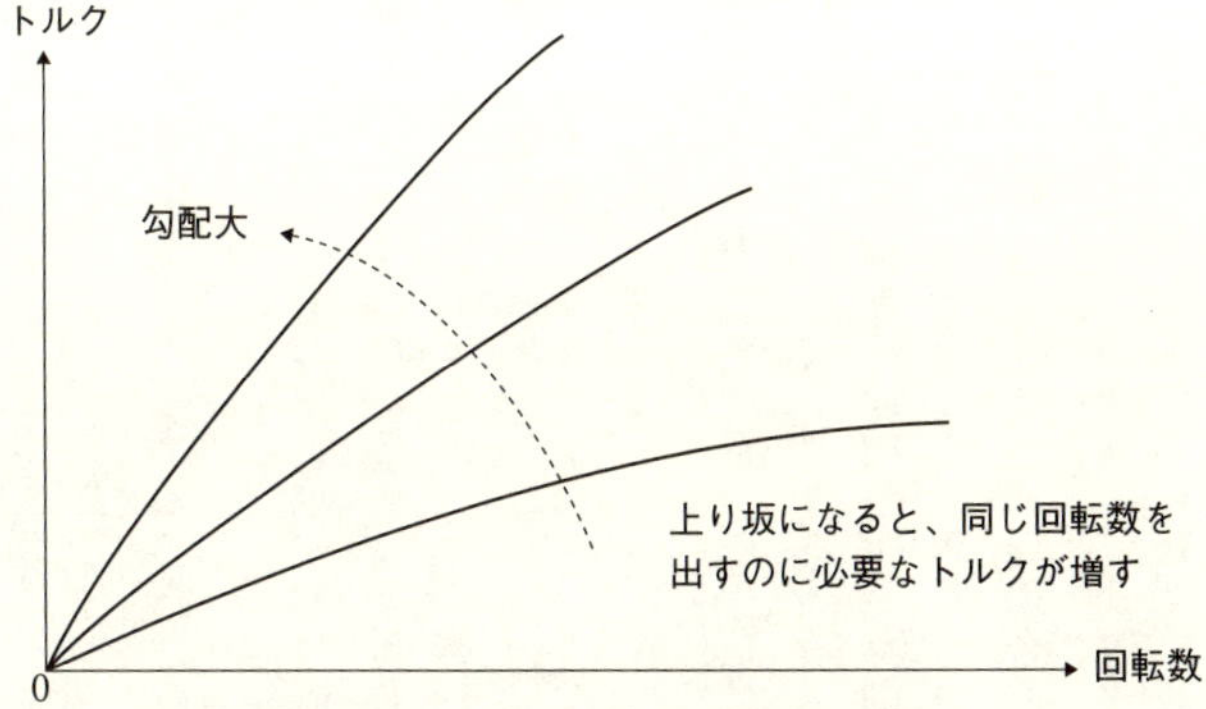

図3-6　エンジンの負荷曲線

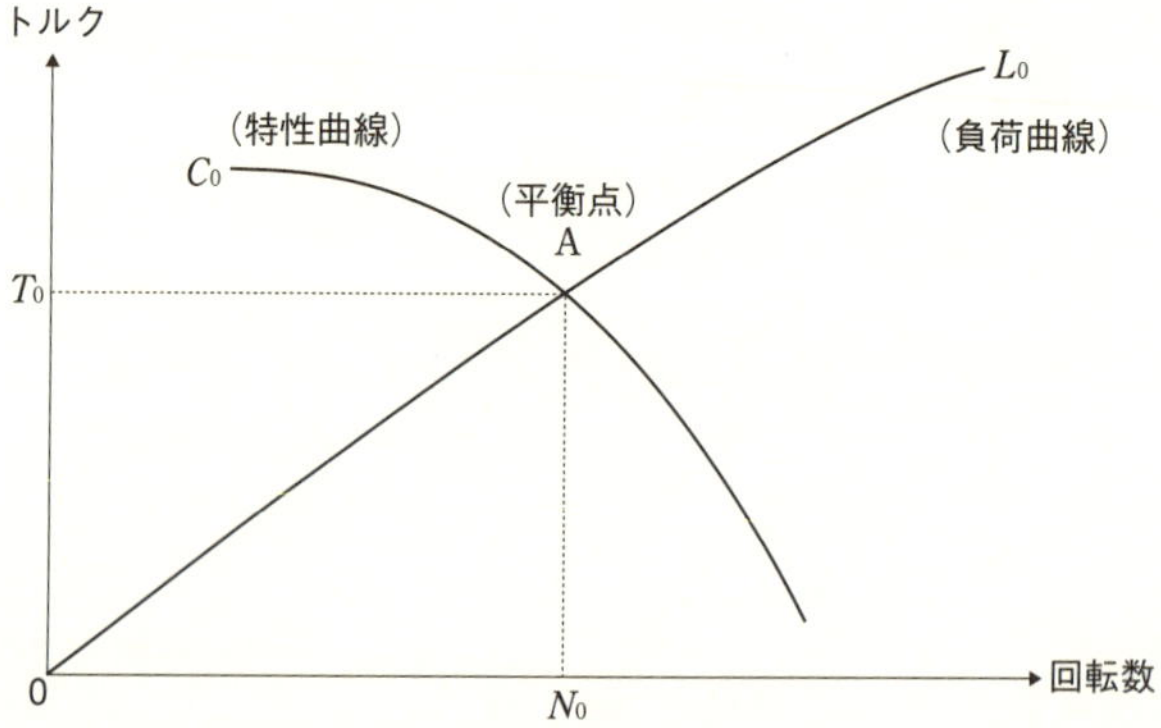

図3-7　動作点(トルクと回転数の平衡点)

動する。傾きの度合いが負荷の大きさをあらわす。これを負荷曲線とよぶ。

図3-7はある特性曲線C_0と、ある負荷曲線L_0を重ね合わせたものである。

特性曲線C_0のエンジンをもつ自動車が、負荷曲線L_0の道路を走ると、二つの曲線の交点Aが動作点あるいは平衡点となる。すなわちこの点で示される回転数N_0とトルクT_0で車は走る。

安定平衡点

図3-8は回転数Nをもって出発した系の運動が、やがて平衡点N_0に近づいていくダイナミックスを示している。このように、何かの原因で生じた動作点からの偏差は、システム自体のメカニズムをつうじて時間とともに解消される。このような場合、動作点A(N_0とT_0)は安定であるといわれる。74ページ図2-6で示した、アダム・スミスの市場メカニズ

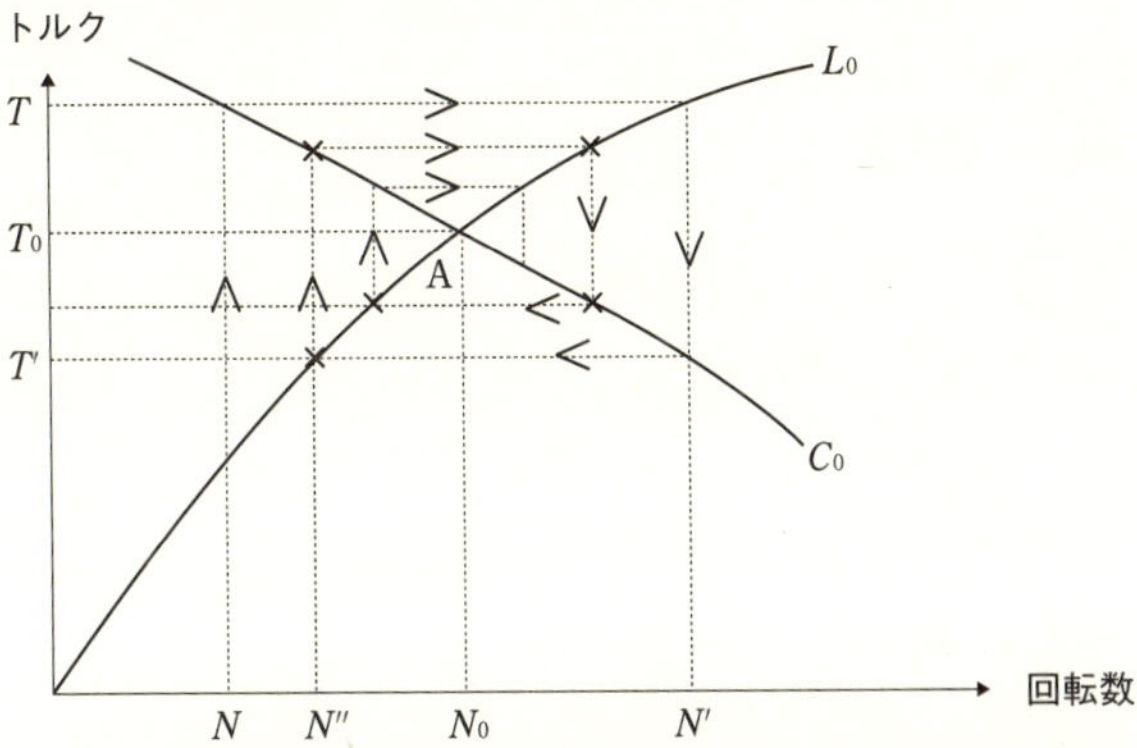

もし回転数が$N < N_0$なら、特性曲線C_0によって発生するトルクTは、負荷曲線L_0によって要求されるトルクよりも大きい。そこで実際の回転数は増大してN'となる。このN'に対応するトルクT'は、実際に要求されるトルクよりも小さいので、回転数はN''に下がる。このプロセスを繰り返して、回転数とトルクは動作点A（N_0、T_0）に限りなく近づく。回転数がN_0よりも大きくなった場合も同様である。

図3-8　自己平衡性をもつ場合に実現する動作点

ムとまったく同じであることに注意されたい。

動作点は常に自己平衡性をもつとは限らない。次ページ図3-9のような場合は、いったん動作点からずれると、そのずれはますます大きくなっていく。このような場合、動作点Aは不安定であるという。実際のシステムでは平衡点からの微小なずれは避けられないので、この場合、動作点Aは実現しない。

平衡点が安定か不安定かを見るには、平衡点でそれぞれの曲線の接線の傾きを調べればよい（図3-10）。負荷曲線L_0の接線の傾きθが、特性曲線C_0の接線の傾きψよりも大きければ、N_0に十分近い回転数NはN_0に

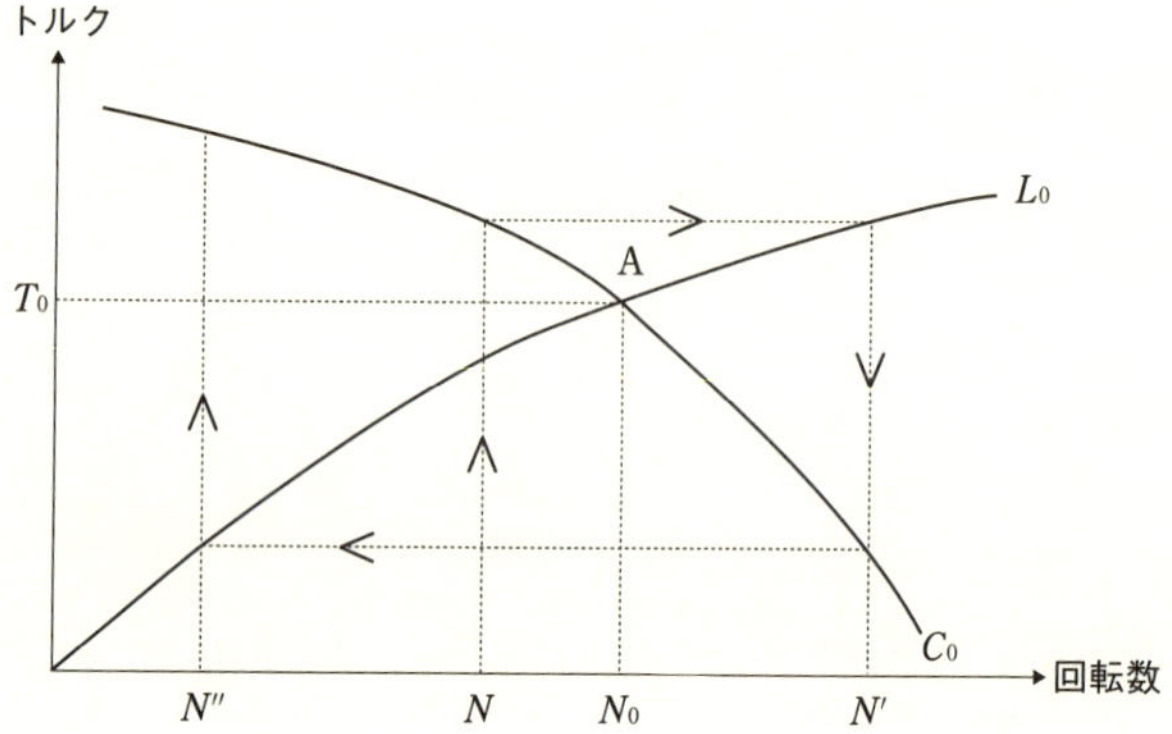

図 3 - 9　自己発散性をもつ場合の動作点

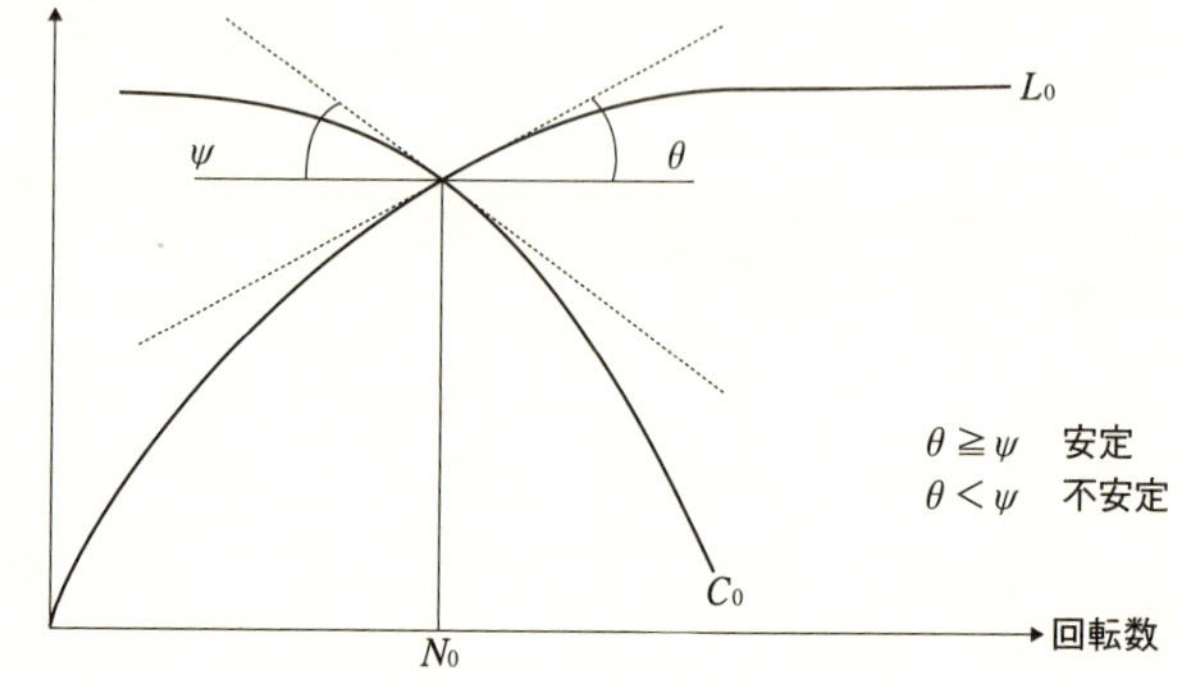

図 3 -10　安定性のチェック

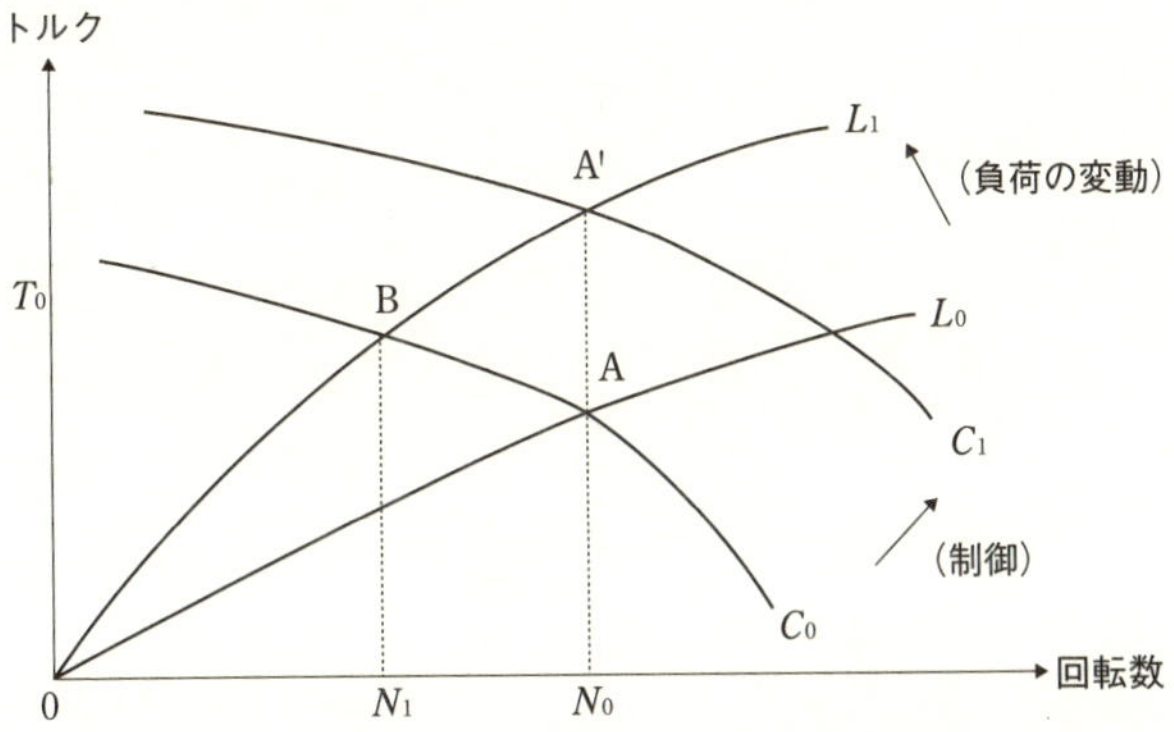

図3-11　回転数を一定に保つ制御動作

近づくこと、逆にθがψよりも小さければ、NはN_0から遠ざかることが分かる。

フィードバックの不思議

速度N_0で走っていた車が上り坂にさしかかったとしよう。このとき同じ回転数を出すには、いままでより大きなトルクを必要とするので、負荷曲線は平地のL_0から上り坂のL_1に変化する（図3-11）。エンジンの特性がもとのままであれば、回転数はL_1とC_0の交点BからきまるN_1となる。すなわち速度はおちる。

そこで制御装置が働いて、スロットルバルブを開き、より回転力の大きなA′を通る特性曲線C_1に変化させることで回転数はN_0に保たれる。

つまり制御装置は、負荷がL_0からL_1に変わったことを検知して、L_1に対しても同じ速度N_0を出す（A′を通る）特性曲線を選びだし、特性をC_0からC_1に変える。これがフィードバック制御のメカニズムである。

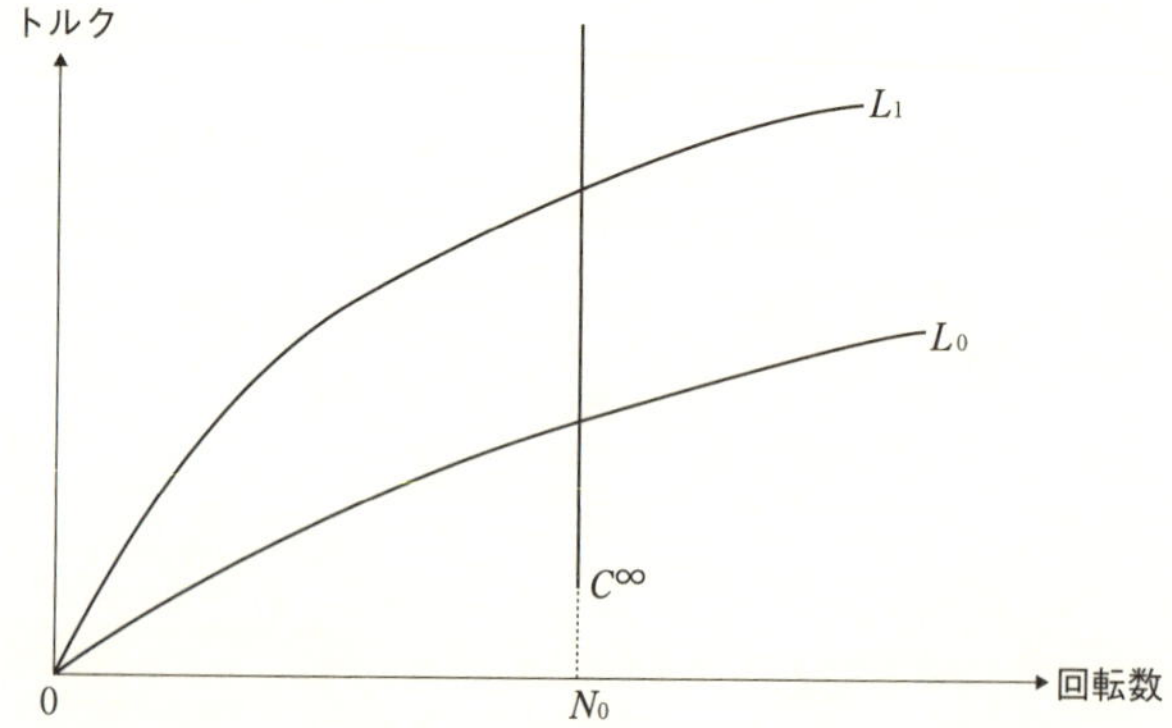

図3-12　制御で実現した（？）エンジン特性

もしこのようなことが実際に起こっているとすれば、どんな負荷に対しても速度の変わらないシステムが実現できたことになる。つまり図3-12で示したような垂直な特性曲線（C^{∞}）をもつエンジンができたことになる。

ところが、このような特性をもつエンジンを作ることは、実際には不可能である。では、制御がエンジン技術の不可能を可能にしたのだろうか？

もちろんそうではない。制御も物理世界の限界を超えることはできない。それでは図3-12の表現のどこに間違いがあったのだろう？

答えはダイナミックスにある

図3-11の特性曲線は、時間の経過を無視して、十分時間が経って定常状態に落ち着いたときの、すなわちスタティックな回転数とトルクの関係しか示していないのである。

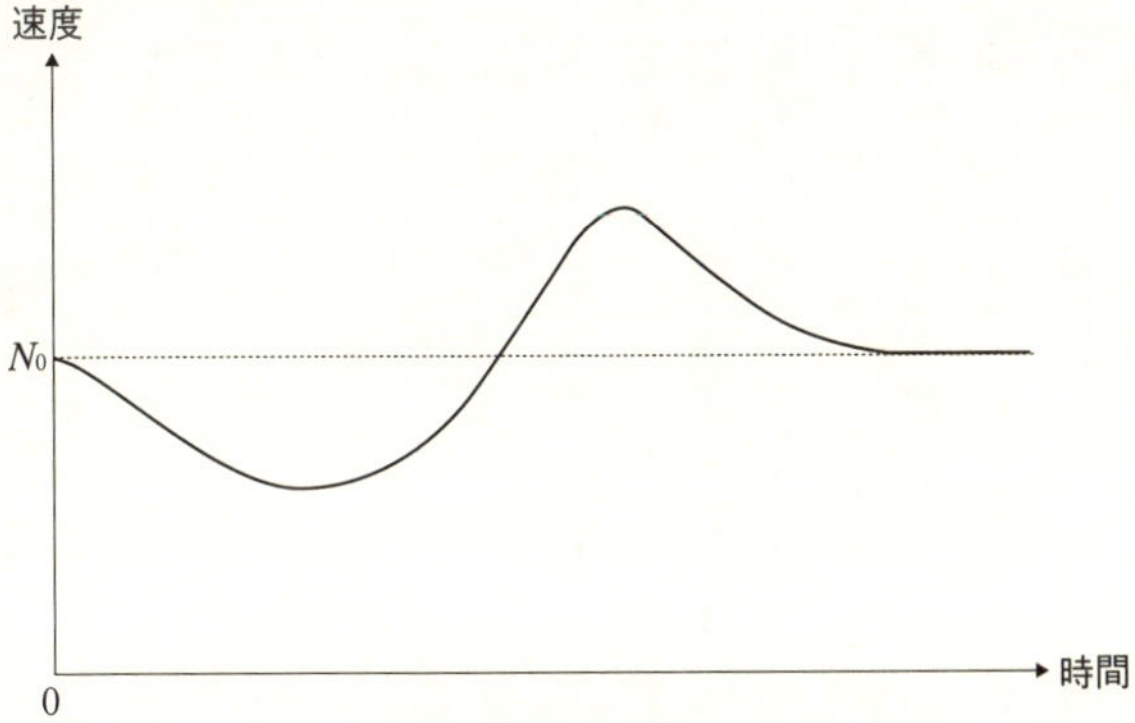

図3-13　実際の制御動作のダイナミックス

自動車が上り坂にさしかかったとき（図3－11でL_0がL_1に変わったとき）、車の速度は設定値N_0を保てず、いったんは落ちる。しかし速度制御装置のフィードバックが効いて速度は増し、やがて設定値N_0を回復する（図3－13）。

途中経過を無視して平衡に達した速度だけを考えると、たしかに図3－11のようにあらわされ矛盾を生じる。すなわちスタティックスだけをあらわそうとすると、矛盾に陥るのである。

制御の動作は、平衡点だけしか考えないスタティックスでは表現できないし理解もできない。物事を理解するにはダイナミックスを考えなければならない、ということがお分かりいただけたであろうか？

ダイナミックスは「持続する力」

こみ入った話が続いたが、要するに、ダイナミックスは時間を通してあらわれるから、ダイナミックスを相手とする制御も、その効果は時間を通してあらわれる。だからこそ経過をウオッチしながら操作を行うフィードバックが効果を上げるのである。瞬間的にすべてが決まるような行為は制御とはいえない。

ダイナミックスは複雑な現象である。ダイナミックな現象をその原因に立ちもどって説明する作業は、スタティックな現象の場合よりも何倍もむずかしい。そこでついダイナミックスを無視し、スタティックスとして現象を理解しようとしがちである。

しかしそれでは本質を見失ってしまうことがある。現象を見据え、現状が変化のプロセスのどのようなポイントにあり、今後現象がどのような方向に向けて進んで行くのかを見極めるには、ダイナミックスへの理解が必要である。制御はダイナミックスに手綱をつけ、その進展を望ましい方向に導こうとする。時間経過を待つ辛抱強さと、現象の背後にあるダイナミックスへの深い洞察は、制御が成功するためには欠かせないのである。

ダイナミックスのあらわれの皮相な面にとらわれると、ダイナミックスはスタティックスの継起としか見えない。そうなると変化の各局面がそれぞれ脈絡のない偶発的なものに見え、それらの間の相互の関連をとらえることができず、変化にただ一喜一憂するだけとなる。遠い将来への見通しをたてることは望むべくもない。

わが国は変化に対する感受性は強いし適応も速いが、ダイナミックスを理解する力は強くないような気がするが、制御屋の妄想であろうか?

ダイナミックスの豊かな世界

ダイナミックスの世界は実に深い豊かな構造をもっている。

近代科学は、ガリレオやニュートンによるダイナミックスの研究によって幕を開けた。ダイナミックスをおもな対象とする制御にとって、このことは象徴的である。ガリレオやニュートンのような天才によって、はじめてダイナミックスの本質がとらえられた。このことはダイナミックスを理解することがそれほど簡単ではないことを意味していると同時に、ダイナミックスは近代科学全体の基礎となる豊かで深い存在であることも物語っている。

ダイナミックスを初めて体系的に論じたのはニュートンであるが、数学としてそれを体系化し、理論を作った最初の人はポアンカレである。しかしポアンカレのダイナミックスは、そのおもな目的が天体システムの解析にあったので、私たちがアクションをするための入力も、情報をとるための出力もない自律的な閉じた系しか扱うことはできなかった。

入力と出力を導入することにより、ダイナミックスの概念を根本的に変えたのが現代制御理論である。現代制御理論の誕生によって、私たちはダイナミックスに操作を加えたり、そこから情報を得たりすること、すなわちダイナミックスに人為的に介入するための体系的な理論を初めて手にした。

未来を予測することは、制御と密接なかかわりがある。うまく予測できれば制御の成功も保証されるので、予測が制御の決め手となる場合は多い。したがって予測も制御の守備範囲に入るようになった。

すでに述べたように、状態は未来を予測するための過去に関する必要にして十分な情報量である。したがって未来を予測するには、状態を知ることが鍵となる。状態変数こそが過去を未来につなげるダイナミックスの記憶媒体だからである。

制御理論では予測を「状態推定問題」として定式化している。現代制御理論の創始者カルマンの名前を付したカルマンフィルタは、状態推定の有力なツールとしてあらゆる分野で使われている。

第4章

ロボットアームに絵を描かせる

第4章 ロボットアームに絵を描かせる

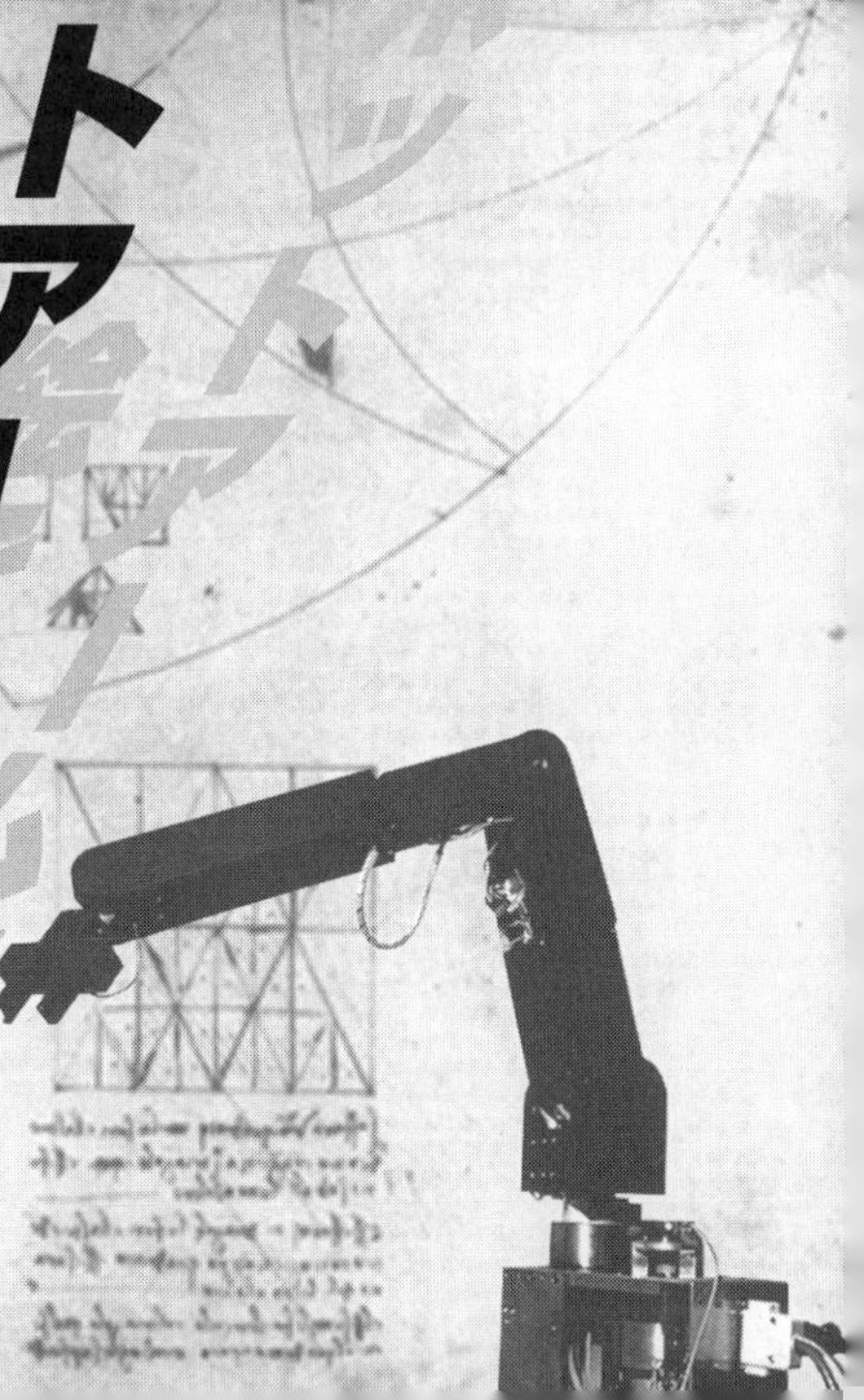

制御の対象がダイナミカルシステムであること、ダイナミックスが森羅万象の背後にあり、しかも取り扱いが厄介であることを見てきた。

この章では制御の典型的な例を示すことによって、読者の皆さんに制御のむずかしさと、面白さの一端を味わっていただくことにする。その対象はロボットアームである。

制御の目標——仕様の決定

具体的な仕事に入る前に、一般的な制御系設計の手順について述べよう。

すでに述べたように、制御系を組む場合は、まず目標をしっかりと立てることが必要である。制御は必要があるからやるのであって、目的は明らかともいえるが、何をどのような手段で、どこまで制御しようとするのかを具体的にあらわすことが必要である。これが制御のスタートである。

制御量と操作量を決めれば、制御系の構造はおのずときまる。目標はなるべく定量的にはっきり表現したほうがよい。

たとえばボイラーの制御では「蒸気の発生流量を毎分一〇〇トン上昇させたときに、蒸気温度の変動をプラスマイナス一〇度C以内に抑える」とか、サスペンションの制御で「タイヤが一五センチメートルの段差を時速五〇キロメートルで通過したときの車体の揺れが、二秒以内に振幅一五センチメートル以内におさまる」などである。

このように制御系が満たすべき条件を定量的にあらわしたものを仕様（specification）とよぶ。仕様でもっとも基本的なのは安定性である。制御の結果、不安定になってしまうようでは、制御しないほうがよい。そして安定性を保証することは、それほど簡単なことではない。増幅器を作るつもりが発振器になってしまった経験をもつのは筆者だけではあるまい。

モデルフリー制御とモデルベースト制御

制御アルゴリズムの決め方には、大きく分けて二つある。

一つは、制御系の実際の動きをみながら、制御器の可変なパラメータを調節していくやり方で、試行錯誤がベースである。もう一つは、制御対象を解析してそのモデルをもとめ、モデルにもとづいて理論的に制御器を導き出す方法である。前者は制御器の直接調節による設計であり、後者は理論を用いた間接的な設計である。

また制御対象のモデルを使うか使わないかという点でいえば、前者はモデルを使わない設計、すなわちモデルフリー制御であり、後者はモデルにもとづく設計、すなわちモデルベースト制御である。

すでに述べたように、三〇年前まではモデルフリー制御が制御の主流だった。試行錯誤でも仕様を満たすことができたのである。しかし、対象が複雑になり、要求される性能が高くなるにつれて、基幹となる制御系では次第にモデルベーストが使われるようになった。

ＰＩＤ――モデルフリー制御の汎用方式

モデルフリー制御では、制御アルゴリズムの形を与えてパラメータを調節する。現在もっとも使われているアルゴリズムの形はＰＩＤ制御とよばれる。Ｐ（比例）、Ｉ（積分）、Ｄ（微分）の三項動作にもとづくものである。

図4－1（76ページ図2－7と同じ）の誤差を e(t) とした場合、操作量は次のように与えられる。

$$u(t)=K_p\left(e(t)+\frac{1}{T_I}\int_{-\infty}^{t}e(\tau)\,d\tau+T_D\frac{de(t)}{dt}\right)$$

第一項は誤差に比例する操作量、第二項は誤差の積分に比例する操作量、第三項は誤差の微分に比例する操作量で、最終的な操作量はこれらに適当な重みをつけて加え合わせたものである。K_Pは比例ゲイン、T_Iは積分時間、T_Dは微分時間とよばれている。

比例操作は、現在の誤差に比例する必要な修正量をあらわすもので、今の誤差が大きければ大きい修正操作が必要であり、小さければ修正量も小さくしてよい、という理屈である。

積分操作は、修正を現在の誤差だけでなく、過去の誤差の累積にも依存させることを意図しており、操作量の微分が誤差に比例すること、すなわち操作量の変化を現在の誤差の大きさに比例させようとしている。つまり誤差がゼロにならないかぎりは、断固として操作量の大きさを増し

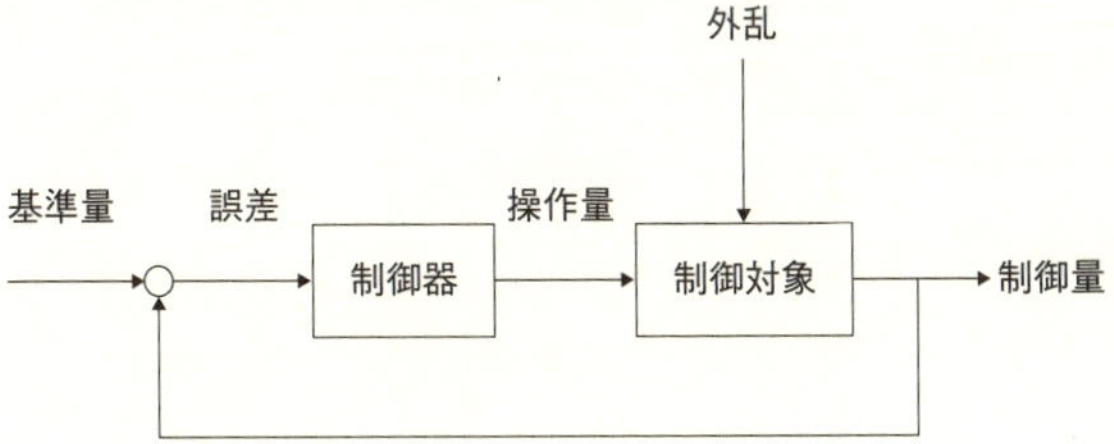

図4-1　フィードバック制御系

続けるという気合いのこもった制御動作である。

微分操作は、現在の誤差だけでなく、誤差が増しつつあるか減りつつあるか、その傾向に合わせた修正をしようとするものである。私たちが株式に投資する場合、現在の株価だけでなく、それが上がりつつあるか下がりつつあるかにも注目するのと同じである。

PID制御系の設計とは、この式の三つのパラメータK_P、T_I、T_Dをもとめることである。

これを実際の制御系の挙動をみながら、試行誤差の調整によって行うのがモデルフリー制御である。

モデルフリー制御は、制御対象の特性をあらかじめ知らなくても設計をはじめられるという点の手軽さがある。とはいえ、対象がこれまで実際に使われてきたものであれば、対象に関する知識は何かの形で積み上げられてきているはずであり、その知識が、制御パラメータを調整する際のノウハウとなっていることが多い。

PID制御はすでに一九三〇年代から使われており、航空機のオートパイロット、モータ、油圧システムなど各種機器、石油化学、自動車、紙パルプ、セメント、電力など各業種で、それぞれに特化したさまざまなパラメータの調整法が提案され使われている。

システム同定

モデルにもとづいて、論理的に制御アルゴリズムをもとめるのが、モデルベースト制御である。そのためには対象のモデルを作らなければならない。このことが容易でないことはすでに述べたとおりである。

対象の物理、化学的な属性を考え、対象が従う自然法則にもとづいてモデルを作る場合もあるが、そのような対象の物理的な属性とは別の観点からモデルをもとめることも多い。入力と出力の信号解析からモデルを作るシステム同定（System Identification）で、制御理論の重要な分野の一つである。

システム同定は、これまで得られたたくさんの運転データから、制御対象が従う法則を導き出すことを目的としている。この目的のために最小二乗法をはじめさまざまな数学的手法が研究され広範な用途に使われている。

システム同定は科学の本質的な営みにかかわる深い奥行きをもっており、現在でも活発な研究分野である。

モデルベースト制御の手順

対象のモデルを作るのはむずかしいが、いったんモデルができれば、後はこっちのものである。モデルができると、それをもとに制御系が設計される。たくさんある制御理論のレパートリーから、制御の目的、制御対象の特殊性、おかれた環境などを十分考慮して、もっとも適切な制御系設計法を選ぶ。

制御系の計算は、いまでは完備したソフトウエア（たとえばMATLAB）がやってくれる。制御系ができあがったら、モデルを使ったシミュレーションでシステムをさまざまな仮想環境のもとにおき、制御器を動作させてそれが受け入れられるものであるかどうかをチェックする。もし受け入れられなければ、設計計算をやり直す。

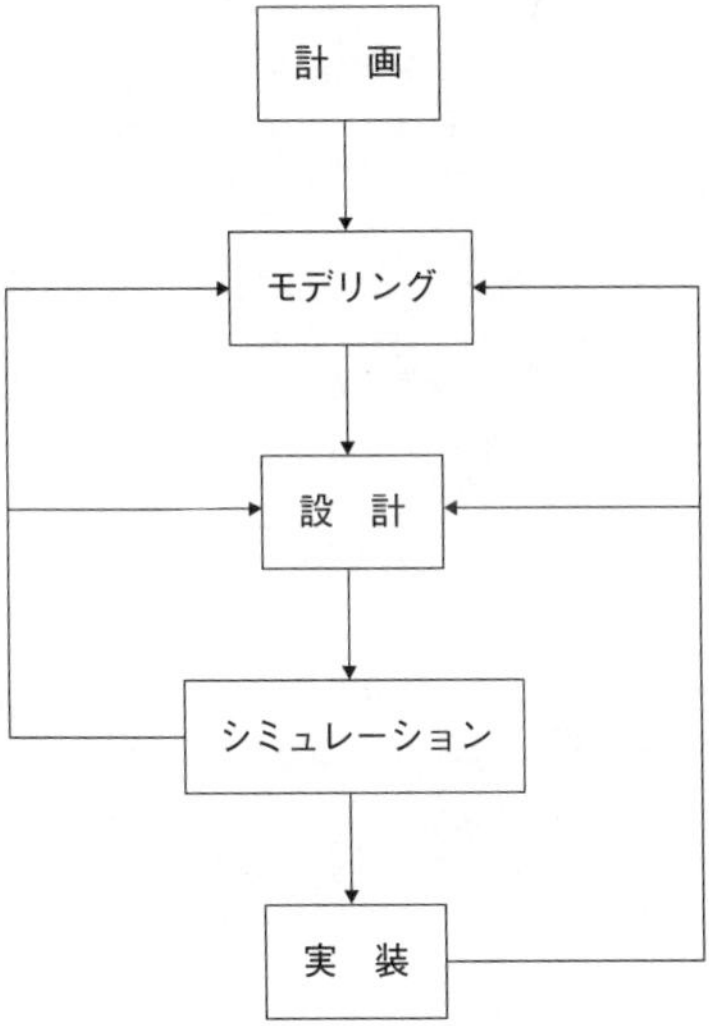

図4-2　制御系設計の手順

シミュレーションで制御系が望ましい性能を示したら、その制御器を実システムのハードとして装備することになる。これが実装である。そしてさまざまの状況で試運転を繰り返して性能をチェックする。まずい状況が生じたら設計をやり直す。その後、実際の商

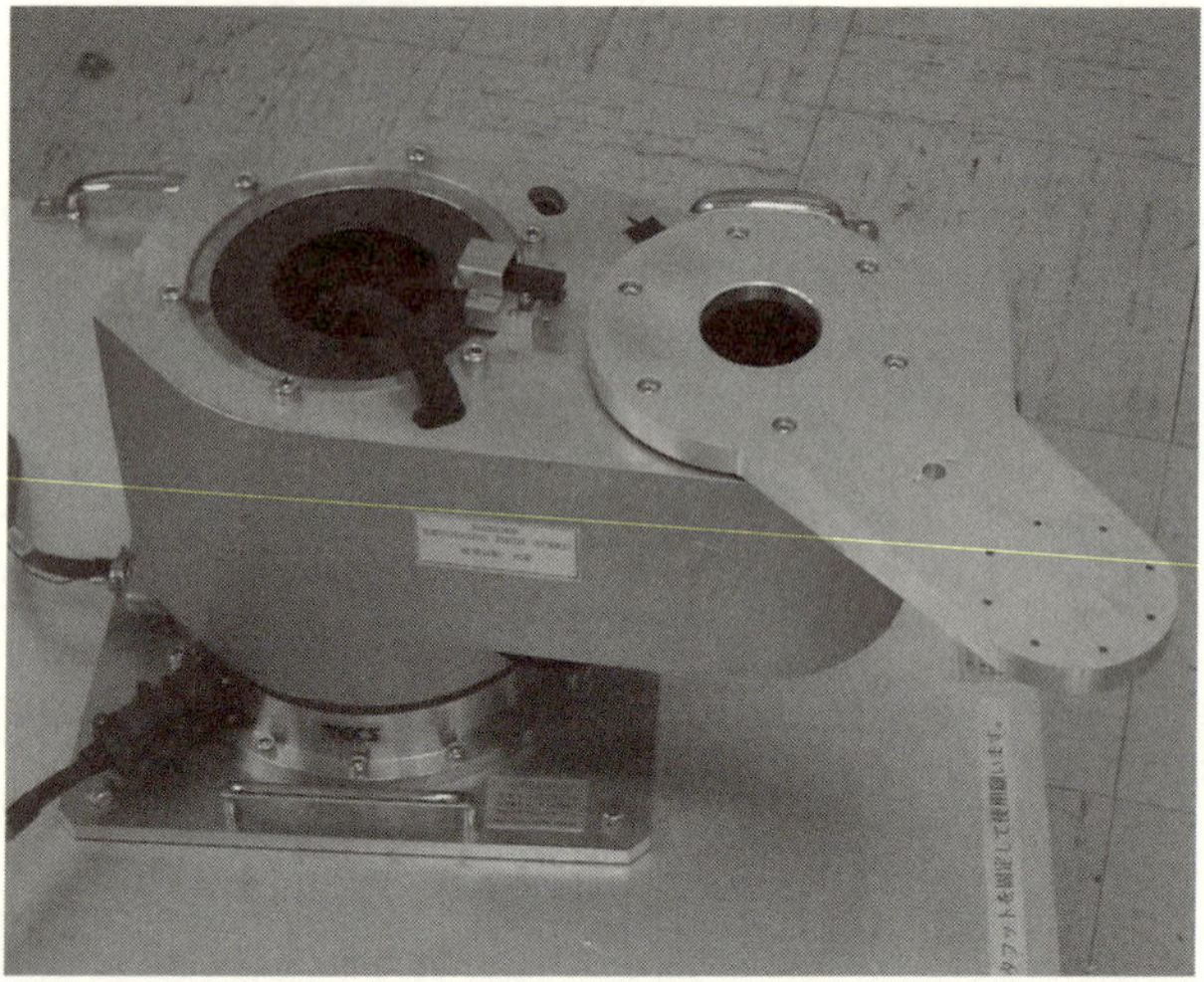

図4-3　SICEアーム

用運転に入り、制御系の設計は終了する。

この手順をフローチャートで示したのが図4-2である。

SICEアーム

それではいよいよ、図4-3のような、簡単なロボットアームの制御を行ってみよう。

このアームは「SICEアーム」とよばれ、計測自動制御学会がロボット制御の研究用プラットフォームとして開発した。ちなみに「SICE」は計測自動制御学会（Society of Instrument and Control Engineers）の略称である。

SICEアームは、二つの関節をもつ二自由度のリンク機構である。それぞれの関節角は独立にモータで回転される。

このアームの特徴は、減速ギヤを用いず、

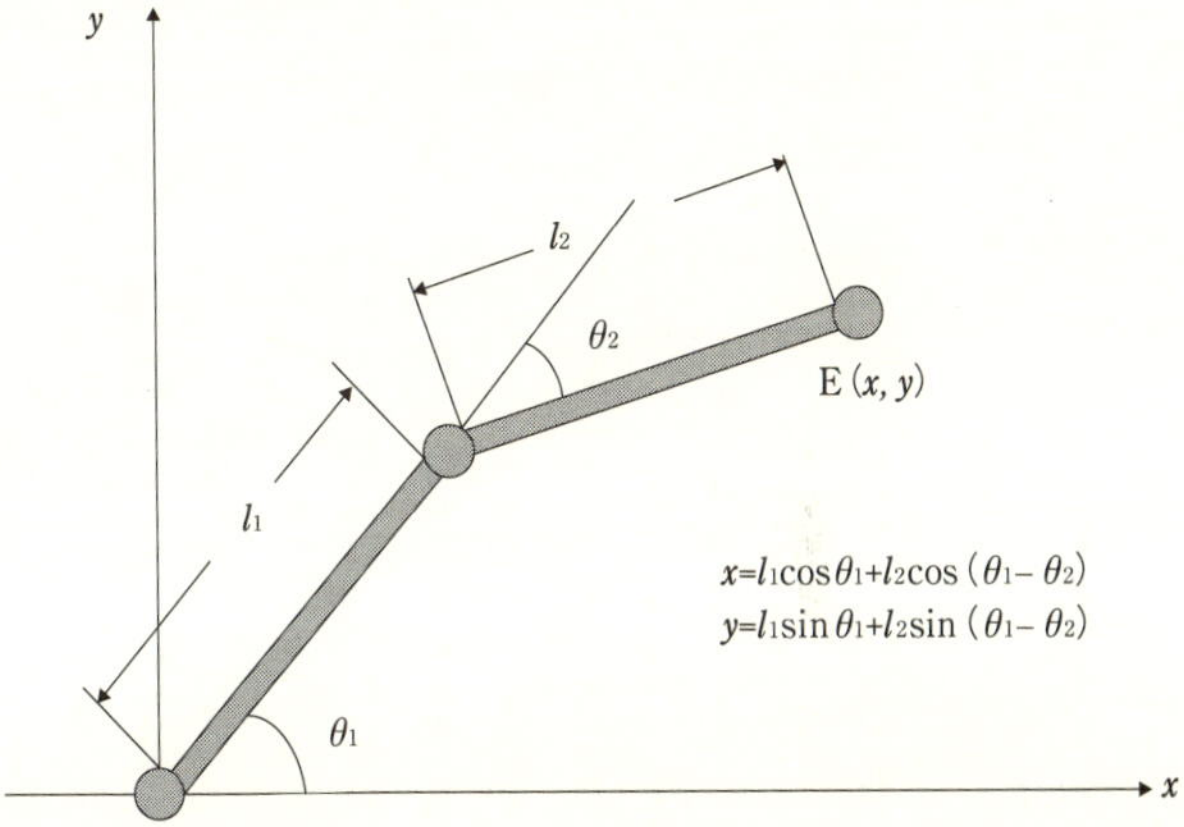

図4-4　アームの先端座標と関節角の関係

各関節を駆動するモータ軸がアーム軸に直結している点にある。これにより応答が速くなり、アームのダイナミックな特性がそのままアーム挙動にあらわれるので、制御の効果がはっきり出る。

アームのフィードバック制御

図4-4にアームの幾何学的な形状を示す。

制御の目的は、アームの先端Eをあらかじめ与えた軌道に沿って素早く動かすことで、アームと駆動系であるモータが制御の対象である。モータに加える電圧を操作することで二つの関節角が動き、その結果として先端Eが動く。実際はモータの駆動系にはフィードバック制御系が実装されており、モータへの指令をトルクで行うことができる。アームは自由度が二つしかないので、先端Eの動ける範囲は二次元平面に限定される。

アームの先端Eの座標（x、y）とアームの関節

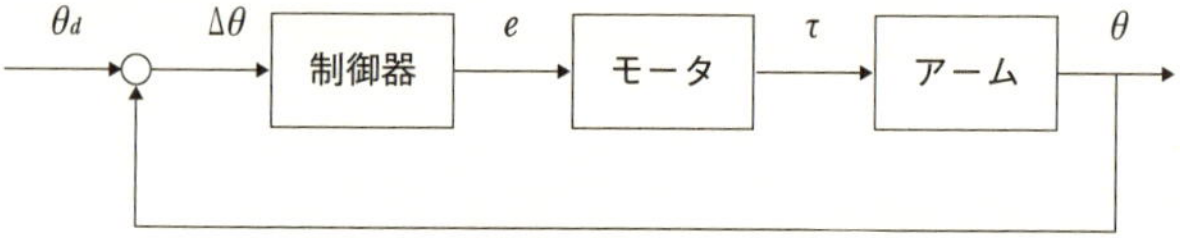

図4-5　2自由度アームの制御系

角(θ_1、θ_2)の間には、図に示したような関係があり、座標(x、y)をきめるとそれに対応する関節角(θ_1、θ_2)がこの式を解くことによって得られる。

先端Eに与えられた軌跡を描かせるための関節角の軌道、$\theta_d=(\theta_1, \theta_2)$が計算できたとすれば、その軌道に従うように関節角を動かすには、実際の関節角θとθ_dとの間の誤差を検出し、それを小さくするように操作量を調節すればよい。これがフィードバック制御である。

この制御系を図4-5に示す。

たとえば先端Eに中心C(x_0、y_0)、半径rの円を周期Tで描かせるとき、これを実現する関節角(θ_1、θ_2)の軌道は図4-6のようになる。

このように、実際に動かしたい先端部の座標系と、直接操作できる関節角の座標系が異なることが、ロボットの制御を複雑にしている。このアームでは自由度が二だからそれほど面倒ではないが、自由度が六の産業用ロボットではこの関係はきわめて複雑で、望ましい軌跡を実現する関節角の軌道をもとめるにはかなり大きな計算が必要となる。

SICEアームのモデリング

SICEのアーム・モデルは、パラメータが七つある。それぞれの軸のま

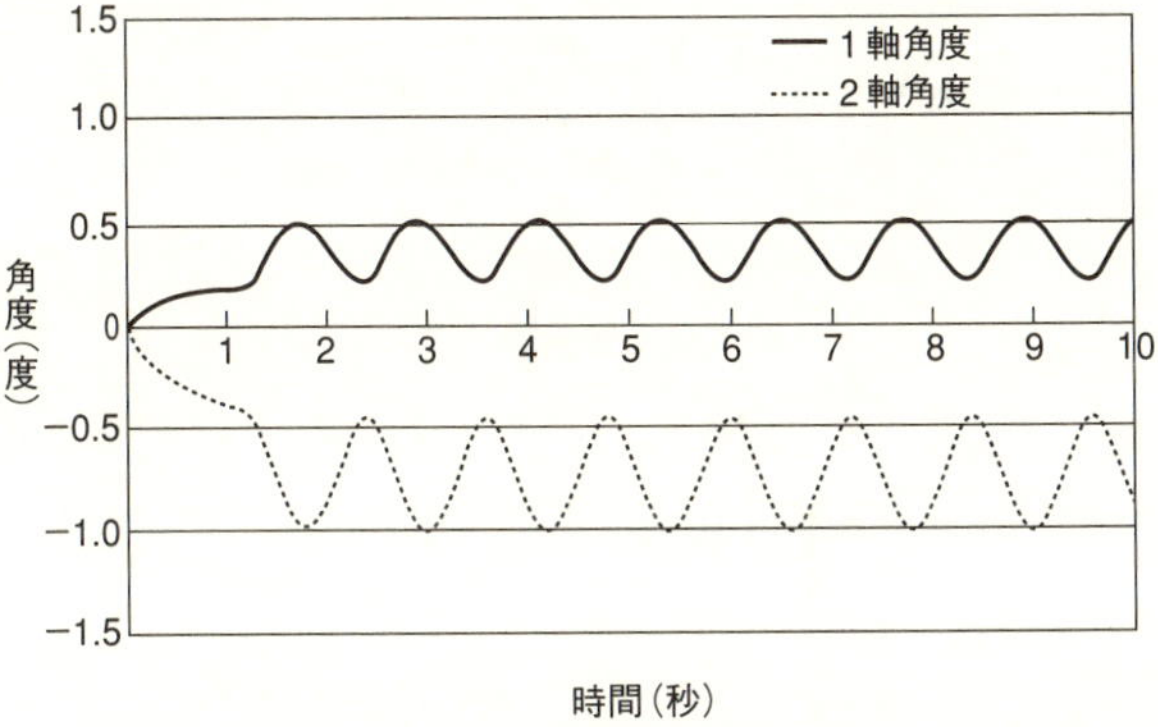

図４-６　アームの関節角度変化

わりの慣性モーメント、両軸の間の相互作用をあらわすモーメント、それぞれの軸まわりの静摩擦係数と動摩擦係数である。

このうち図４-４で示したリンクの長さや質量は形状から計算できるが、摩擦係数（速度に比例する粘性摩擦係数と、静止状態から動き始めるときに発生するクローン摩擦係数）は実験でもとめる必要がある。たとえばアームに自由運動をさせ、それが停止するまでのアームの挙動から摩擦に関する情報が得られる。

アームのモデルはトルク τ を入力とし、角度 θ を出力とする微分方程式で記述される。

$$f(\ddot{\theta},\dot{\theta},\theta,\alpha)=\tau$$

ここで τ はトルク、$\ddot{\theta}$ は関節角加速度、$\dot{\theta}$ は関節角速度、θ は関節角度、α は七つのパラメータを総称したパラメータベクトルである。

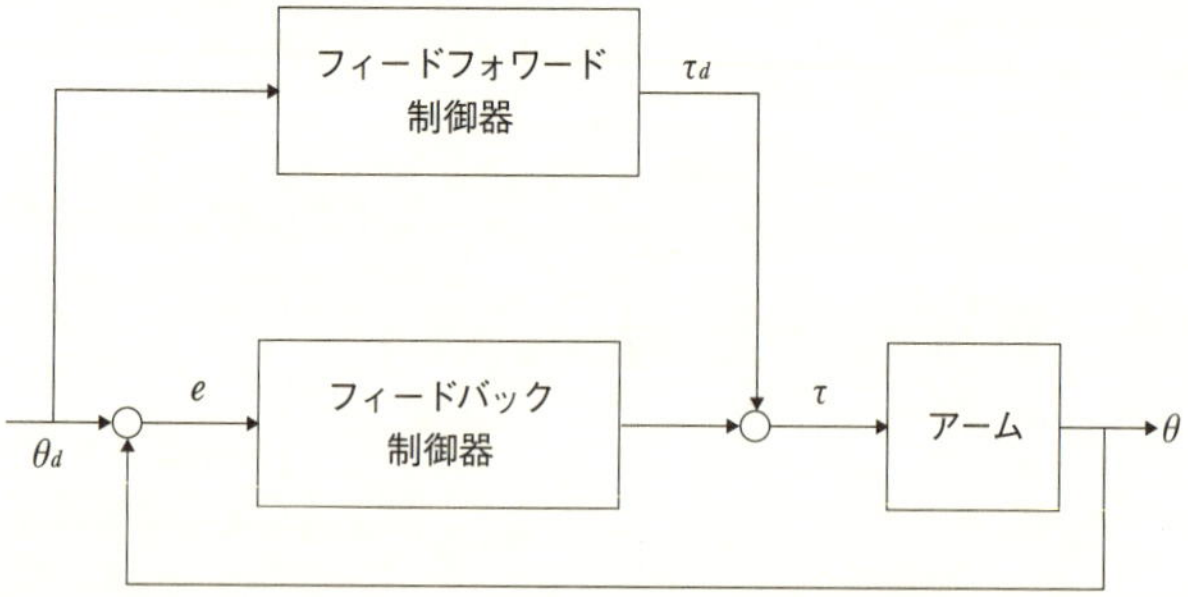

図4－7　アームの2自由度制御

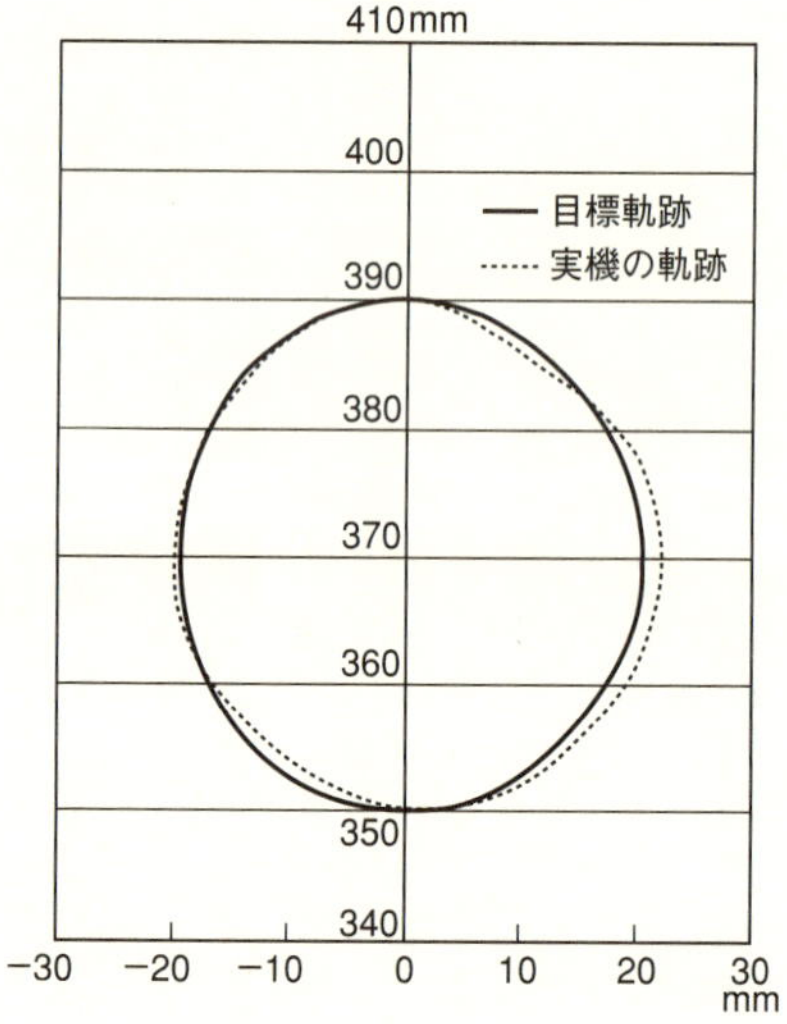

図4－8　SICEアームの制御結果例

計算トルク法

　このモデル式によって、どのようなトルクを加えれば、どのような関節角θが出るかが分かる。その有用性ははかり知れない。この式を用いて、与えられた評価基準のもとで最適な操作トルクを計算することもできる。すなわちさまざまなモデルベースト制御を、この式をもとに実行することができる。

　もっと直接的な式の使い方は、望ましい角度軌跡を実現するトルクを計算することである。すなわち$\theta = \theta_d$を代入することによって、望ましいトルクτ_dが計算できる。このτ_dをアームに加えれば、アームの関節角が$\theta = \theta_d$となるはずである。

　実際はモデルの誤差や外乱などの影響でθはθ_dとは一致しないので、その誤差をフィードバックで吸収する。τ_dを計算する部分はフィードフォワードとなる。

　この制御系は図4-7で示される。このようにフィードフォワード制御とフィードバック制御を組み合わせた制御系は、二自由度制御とよばれ、高い性能を達成できる制御方式として知られている。

　この制御系に対する結果を図4-8に示す。目標軌道は半径二〇ミリメートルの真円だが、ご覧のように、結果は真円にはなっていない。アームのもつ大きな慣性質量による軌道からのずれを制御し切れていない。ダイナミックスのむずかしさを示すものと理解していただきたい。真円をもっと正確に描くにはより複雑な制御が必要である。ここでは図4-8の性能で止めておく。

第5章
商品価値を高める制御

第5章 商品価値を高める制御

制御の歴史や原理など基本的なことを一通り述べた。この章では、私たちが日常生活で使っているものや普段目にしているものに、制御がどんな形で生かされているかを、いくつかの例で示してみよう。

進化するルームエアコン制御

日本の気候は多様で変化に富む。ただし、それゆえに厳しさもある。この厳しさは湿気によってもたらされる。湿気は夏の蒸し暑さ、冬の底冷えだけでなく、食物の保存をむずかしくする。湿気に悩まされる日本では「涼しさ」は快適生活のキーワードであり、日本人は涼しさを作り出すために並々ならぬ努力をしてきた。

現在、もっとも手軽に涼しさを得るのは、ルームエアコンを使うことだろう。

エアコンの制御は、名前だけはよく知られていて、たとえば「インバータ制御」などは宣伝文句になっているくらいである。

エアコンの制御のおもな目的は、指定された室温を保つことである。温度計で室温をはかり、それと指定された温度の差をフィードバックして、ファンによって送り出す空気の量を変える。インバータの役割は、ファンを回転するモータの回転数を自在に変えることである。

冷房の場合は、室温が指定温度より下がれば、ファンを止め、室外機のコンプレッサーもストップして冷房をやめる。室温が指定温度より上がると、コンプレッサーが動き始めファンが冷風を送り始める。そういう意味では、エアコンの制御はオンとオフの動作を交互に繰り返すことで、このような制御をオンオフ制御とよぶ。

オンオフ制御は、私たちが、部屋を出るときは電灯のスイッチを切り、入るときに入れるのに対応している。これを面倒がらず、きめ細かくやるのが省エネルギーの秘訣で、それはエアコンも同様である。

しかし、きめ細かい制御を追求するあまり、頻繁にファンの始動・停止を繰り返すと、ファンを回すモータが過熱したり騒音源になってしまう。そこでインバータ制御装置で、なめらかな始動・停止を行っている。最近のルームエアコンではモータの音が聞こえることはまずない。聞こえるのは空気の流れる音だけである。これは風の音と思えば気が散ることもない。

厳しい風土が生んだエアコン制御

室温制御といっても、部屋の温度が一様なわけではない。たとえば、冷気は下に向かうので、極端な場合、足元だけが冷たく頭は熱いということも起こる。また、冷たい空気が人間を直射するのは避けたい。

そこで、ファンで送り出す冷気の量だけでなく、方向も、状況に応じて変化させようというのが最近のエアコン制御の傾向である。人間が放射する体温（赤外線）を検知して居場所を認識し、そこを避ける風向きを選ぶ機能は、すでに一部のエアコンにつけられている。また部屋が満遍なく冷えるように、吹き出す冷気の風向きを変えていく制御も実用化されている。もちろん暖房運転の場合も同様である。

このようなきめの細かい制御はわが国の独壇場で、まさに日本の厳しい気候（夏と冬）が、世界に冠たるエアコンを生んだのである。

制御が支えるパソコンのメカ

私たちがふだん使っているパソコンは、エレキ（電子）の牙城と思われているが、実際にはその重要な部分をメカ（機構部品）に頼っているのである。パソコンのメカはハードディスクで、その技術を支えているのが制御である。

ハードディスクは一九五六年にＩＢＭから初めて発売された。以来、急ピッチで転送レートの高速化と記憶の高密度化を達成し、現在では一平方インチ内に三五ギガビットの情報を貯え、データのアクセスタイムが一〇ミリ秒を切っている。ハードディスクの概念を図５－１に示す。複数枚のディスクが毎分四二〇〇～一万二〇〇〇回転している。

ディスクに記憶されたデータは、磁気ヘッドによって読み出されたり書き換えられたりする。ヘッドは、読み出し書き込みの指令をうけるたびに、そこに書かれているアドレスに対応するディスクの場所に移動しなければならない。これを探索（シーク）モードとよぶ。

所定のアドレスをみつけると、回転中のディスクからそこに書かれてあるデータを読み出す。

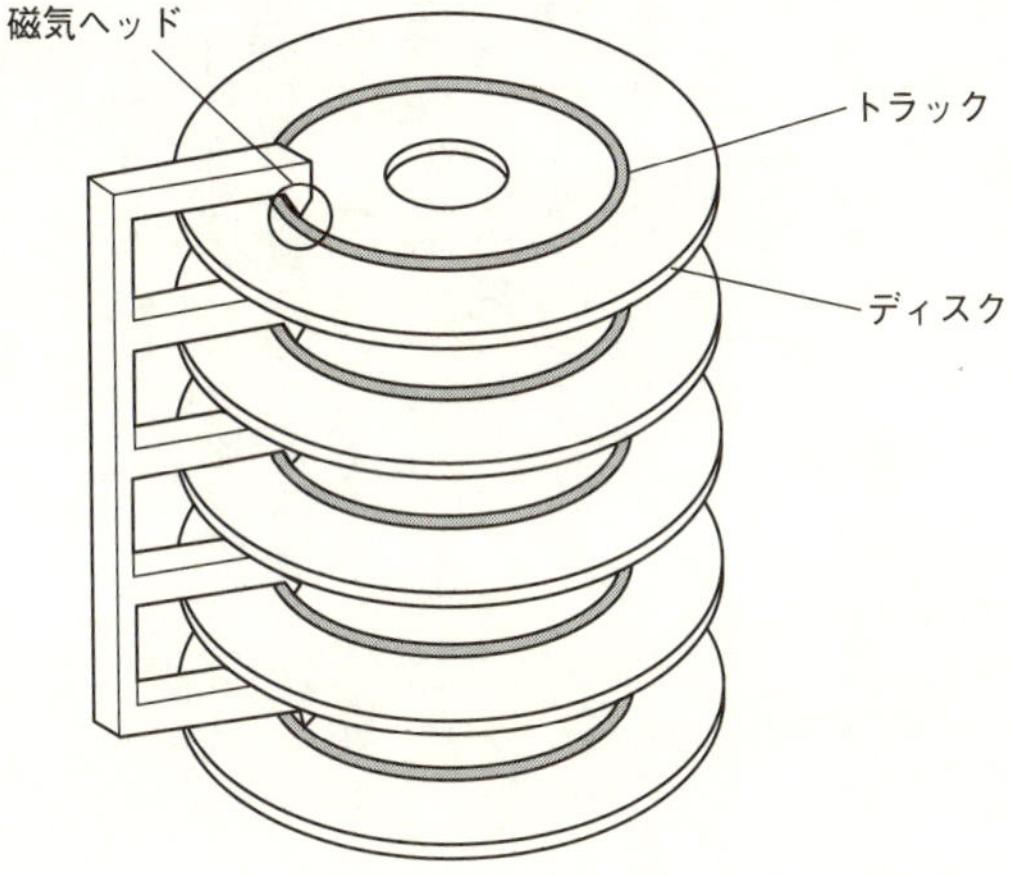

図5-1　パソコンのハードディスクの構造

読み出し中のヘッドは、所定のトラック上に正確に位置しなければならない。これを追随（フォロウイング）モードとよぶ。

探索モードでは、なるべく早く所定の位置にヘッドをもっていく必要がある。典型的な「合わせる制御」である。追随モードでは、ヘッドの位置がトラックから離れないようにする。これは「保つ制御」である。どちらもその精度は○・一ミクロンのレベルで、きわめて高度の制御が必要とされる。

サッカーで言えば、ボールをもっている敵のプレーヤーに全力疾走で近づくのが探索モードであり、そのプレーヤーの動きにしっかりとついて行くのが追随モードである。

この二つのモードはどちらも位置制御だが、性質はかなり違うので、同じ制御系で対処するのは無理がある。そこで、それぞれのモードに対する制御系を別々に設計し、状況に応じてより上位の制御系が制御モードを切り換える方式をとることが多い。

ハードディスクの制御

ハードディスク制御のメカニズムをもう少し詳しく見てみよう。制御の基本は、磁気ヘッドを所定の位置に動かすことである。

アクチュエータは「ボイスコイルモータ」とよばれる小型のリニアモータで、電流に比例した力を発生し、ヘッドのアームを動かす。

センサーは磁気ヘッドの現在位置を検出しなければならないが、それにはヘッドそのものがもつ情報の読み取り能力を利用している。すなわちディスクに本来の情報であるデータに加えて、位置を指示する特別のコードを適当な間隔ではさみこむのである。

位置コードが書き込まれた部分がヘッドの下を通り過ぎるたびに、ヘッドはそれを読み取る。探索モードの場合は、ヘッドが読み取ろうとしている場所と現在位置との差を検出する。追随モードの場合は、ヘッドの位置とトラックの中心からのずれを検出する。それぞれの位置の誤差信号は、内蔵されている計算機に入力されて、ヘッドの位置を修正する電流指令値が計算され、モータに入力される。

追随モードの制御の精度がディスクの情報密度を左右し、探索モードのアクセス時間がディスクの速度性能を決定する。制御のよしあしがハードディスクの品質に深くかかわっている。

探索モードで望みの位置にヘッドが到達した後は追随モードに移るが、このモード切り換えはハードディスク制御の大きなテーマである。

探索モードから追随モードに移るためには、ヘッドはいったん静止しなければならないが、これは簡単なことではない。一〇〇メートル競走で全力疾走した選手が、ゴールインした瞬間にぱっと直立不動の姿勢をとるようなものである。無理に静止させようとすると、ヘッドに振動が起こったり一時的な変形を引き起こすこともある。そのようなことのないように、モードを切り換えるには探索モードの制御を、追随モードへの切り換えを考慮して慎重に設計する必要がある。この問題については、最新の制御理論を用いた多くの研究報告がある。

探索モードと追随モードが共存する制御系は他にもある。たとえば銃砲の照準制御は好例である。目標に迅速に照準を合わせるのが探索モードで、その照準をはずさないように、相手の動きを追うのが追随モードである。追随モードはしばしばロックオンともよばれる。

ハードディスクと同じような制御が行われているのが光ディスクである。光ディスクはハードディスクと違ってディスクがやわらかいので、回転中に「ワウ／フラッタ」とよばれる上下振動や上下のうねりが生じ、それがレーザーの読み出し機構（とくにビット位置の検出機構）に大きな影響を及ぼすので、これもよく考えられた制御が必要である。

排気ガスをクリーンにする電子制御

自動車の排気ガスをクリーンにすることは、これまで自動車メーカーが生き残りをかけて取り組んできたテーマである。現在、多くのメーカーが電気自動車の開発に全力を注いでいるのも、環境問題が将来もっと厳しくなって行くことを見据えた戦略からである。

実はこの問題に関して、自動車メーカーは過去に一度、大きな危機を乗りこえて来た。それは、ガソリン車から電気自動車への転換ほどの大きな変化ではないが、けっして小さくない一つの技術革新であった。それがエンジンの電子制御である。制御が、一般の人々の目に触れる形で登場したのは、おそらくこれが初めてのことであろう。

エンジンはガソリンを燃やしてエネルギーを得る。ガソリンは気化しやすく、気体の形で空気と混ぜて燃やすとよく燃える。ガソリン一グラムを燃やすのに必要な空気の量は、化学の理論からはっきり分かっており、その値は約一四・八グラムである。すなわち重量比でガソリン一、空気一四・八の割合で混ぜれば理想的な燃焼が行われる。これを理論空燃比とよぶ。

理論空燃比よりも空気が多いとき、リーンな燃焼、逆にガソリンの方が多いとき、リッチな燃焼とよぶ。リーンな燃焼は燃費が少なくてすむし、リッチな燃焼はエンジンのパワーが増す。

エンジンルームを出た後の排ガスは、触媒によって有害成分（一酸化炭素、炭化水素、酸化窒素）が直ちに除去される。触媒がもっともよく働くのは、理論空燃比で燃やした場合である。したがって排気ガスをクリーンにするには、理論空燃比で燃やせばよいということになるが、それにはどうすればよいだろう?

爆発の繰り返しを制御する

エンジンが石油ストーブのように連続的で一定の燃え方をしていれば、この問題はそれほどむずかしくない。その場合はガソリンの量は時間的にあまり変動しないから、それに見合った一定量の空気を供給してやればよい。

しかしエンジンは吸入、圧縮、爆発、排気という行程を一秒間に何回も繰り返すし、ドライバーのアクセル操作や道路の状況に応じて、要求されるエネルギーは常に変動する。このような「燃え方」をするエンジンで、その空燃比を一定に保つことは簡単でない。

これまでのエンジンは、空燃比の調節を気化器（キャブレター）で行ってきた。ドライバーがアクセルペダルを踏むと、エンジンへ供給される空気の量が増える。その空気が気化器を通るとき、その流れによって作り出される負圧の大きさによって、タンクから吸い上げられるガソリンの量が増減し、空気と燃料の比がバランスする。この原理はアイロンがけのときに使う霧吹きと同じである。

代わって登場したのが電子制御である。

ドライバーのアクセル操作によって、エンジンに取り込まれる空気の量は時々刻々変動する。これをセンサーで測り、同時に車速を測定し、あらかじめ実験的にもとめられていた表にもとづいて、必要な燃料の噴射量を計算する。それをさらに大気温度やエンジンルームの温度などを考慮して修正し、最終的な噴射量を決める。この手順を各燃焼サイクルごとに行うのである。

もちろん計算するのはエンジンルームの近くにおかれたコンピュータで、これが電子制御といわれる所以である。

さらに最近では、排気ガス中に残っている酸素の量も噴射量の修正に用いられるようになった。これは本格的なフィードバック制御である。図5−2にエンジンの電子制御の概要を示す。

気化器はごく簡単な仕組みで空燃比を一定に保つことができるので「機械工学の華」とよばれていた。しかしきびしい環境規制を満足するためには力不足で、電子制御のエンジンに道を譲るしかなかった。現在、気化器は大型トラックや特殊車輌の一部に残っているにすぎない。

制御は安全性を高める

わが国の二〇〇一年の交通事故による死者は約八〇〇〇人だったが、それ以前は年間の死者は一万人を超えている。考えてみれば大変な数字である。もし飛行機や新幹線が事故で毎年一万人の死者を出していたら、飛行機や新幹線の利用者は激減するだろう。

自動車の安全性にはいろいろと複雑な側面がある。たとえば、自動車自体がいくら安全になっても、ドライバーが無茶をすれば何もならないし、道路や交通標識、信号などのインフラも大いに関係がある。いずれにしてもここ一〇年ほど、自動車メーカーは自動車の安全性を確保するた

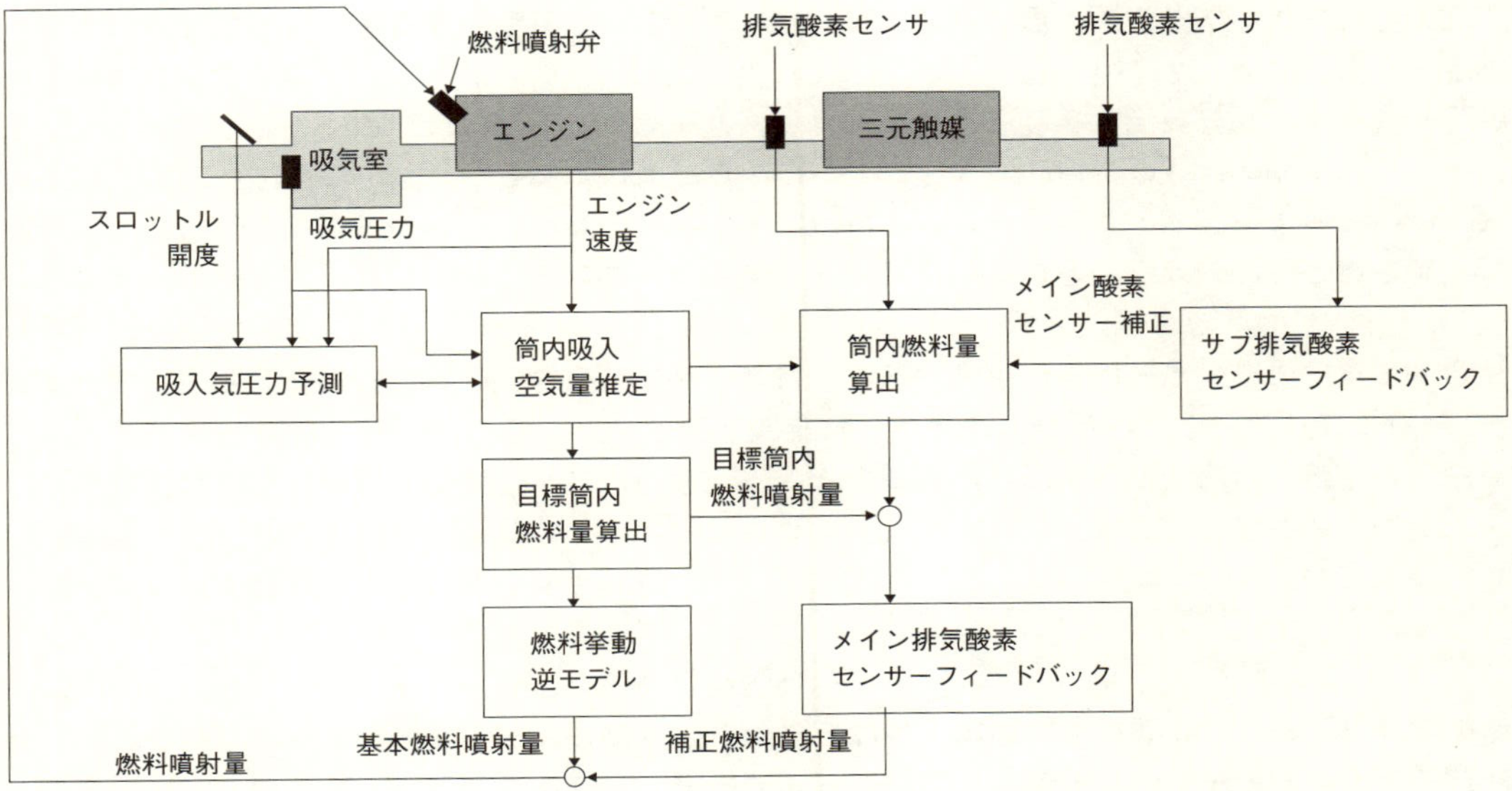

図5－2　エンジンの電子制御系

めにさまざまな努力を重ねてきた。安全性に関する限り一〇年前と今では隔世の感がある。

その主役は、事故から守るために車の動きを制御する技術と、衝突のエネルギーを乗客に伝えない材料の開発である。制御技術は事故を起こさないため、材料技術は起こった事故の被害を最小にとどめるため、それぞれ大きな貢献をしてきた。

ABS（アンチロックブレーキシステム）

事故防止のための制御の代表はABS（アンチロックブレーキシステム）であろう。

車を運転していてもつい忘れがちになるのがタイヤの重要性である。車が走り、曲がり、止まることができるのは、すべて車輪と路面の間の摩擦によるものであることを忘れてはならない。自動車に限らず、摩擦は二つの物体の間のすべりによって生ずる。自動車で摩擦を生み出すのがタイヤである。

急ブレーキをかけると、車の回転は止まり路面の上をすべる。この状態で車を止めるのは、路面とタイヤの間の摩擦である。もし路面が凍っていたらどうなるだろう。特別のタイヤでない限り自動車は滑走を続け、ブレーキは役に立たなくなる。このとき起こるもっとも恐ろしいことはハンドルが効かなくなることである。ブレーキもハンドルも効かない状態では、ドライバーは運を天に任せるしかない。

このような状態は、実は路面が凍っていなくても、ブレーキを強く踏みすぎるといつでも起こり得ることなのである。

摩擦という現象は非常に複雑で、路面と車輪の間のすべり（厳密には車の対地速度と車輪の回転速度の差を対地速度で割った値でスリップ率とよぶ）がある値を超えると、車輪の回転は止まりハンドルが効かなくなってしまう。これをロック現象とよぶ。

ロック現象を避けるためには、すべりを一定値以上にはしないように、つまり車輪の回転速度を急に下げないようにしなければならない。そのためにはブレーキの効き具合を、ドライバーの意思とは無関係に制御する必要がある。これがＡＢＳ（アンチロックブレーキシステム）である。

ＡＢＳはすべりを常に計測し、それがある値を超えた瞬間に、ブレーキをドライバーの管理からはずし、ＡＢＳ制御ロジックの管理のもとにおく。そしてブレーキの液圧を決められたアルゴリズムにしたがって操作し、摩擦がもっとも大きくなるすべりを保つ。

したがってＡＢＳが働きはじめると、ブレーキペダルは用をなさなくなる。急ブレーキを踏んだとき、ブレーキペダルから異様な反力を足に受けた経験をお持ちの読者も多いと思われるが、それはＡＢＳが作動した結果である。

摩擦が最大となるすべりは、道路の条件によって微妙に異なるし、車速や車輪の回転速度も時々刻々と変化する。したがってＡＢＳ制御アルゴリズムはかなり複雑で、メーカーによっても異なる。

ただし重要なことはＡＢＳが万能ではない、ということである。凍った道でも雪道でもＡＢＳ

さえあれば簡単に止まれると思ったら大間違いである。ＡＢＳは路面の摩擦を増やすことはできないから、凍った道では止まるまで時間がかかることには変わりない。つまり制動距離は変わらない。ただし、止まるまでの間にハンドルが効くので、障害物を避けたり車線からはずれたりするのを防ぐことができるのである。

制御は安全の切り札

ＡＢＳは車の安全性確保のほんの入口にすぎない。安全確保のための制御システムは他にもいろいろ組み込まれている。たとえばトラクションコントロールである。

もし、急カーブを高速で走り抜けようとしてハンドルを急に切ると、車はスピンを起こし、ハンドルが効かなくなる。この場合はブレーキを制御するだけでは対処できず、タイヤに伝えられる駆動力を制御するほうが効果的である。この制御がトラクションコントロールで、アクセルペダルをドライバーの管理からはずし、制御ロジックの管理に移す。

車がロックやスピンなど危険状態に陥る可能性が十分高いときは、ドライバーの意図は無視して車の運動に介入する。車を、運動エネルギーとモーメントをもつ物理的な一個の物体と考え、ブレーキ、トラクション、ステアリング、サスペンションなどあらゆる操作手段を使って安全性を確保する統合的な制御を行う。これが現在各メーカーの安全性に対する姿勢である。

自動車メーカー各社は、ＡＢＳやトラクションコントロールなどを統合したシステムを開発して、それぞれの車に実装している。たとえばトヨタはＶＳＣ（Vehicle Stability Control）、メルセデスではＥＳＰ（Electronic Stability Program）、日産ではＶＤＣ（Vehicle Dynamic Control）とよばれている。

いずれにしても、最近の自動車の安全性の強化で制御が果たした役割には、目覚ましいものがある。安全対策の焦点は、今後は道路や信号などのインフラ問題に移って行くものと考えられるが、そこでも制御は重要な基盤技術であることに変わりはない。

四輪の悩み

二輪の自転車を止まった状態で立たせておくのはむずかしい。これに対して三輪車は止まっていても倒れない。三輪車が倒れないのは、三つの点を含む平面は一義的に決まる、という立体幾何学の単純な事実からきている。

ところで自動車は四輪である。この場合、完全な平面を走るときは三つの車輪で走る平面が決まってしまうので、四つ目の車輪もその平面上に接点をもつためには、四つの車輪の接点が常に特別な幾何学的位置関係になければならない。

この位置関係は、走る平面が前後左右に傾くと変化するので、車輪は車体を介した相互の位置関係が変わり得る構造になっている。車輪と車体が柔らかく結びついていなければ、四つのうちの一つの車輪はいつも浮いた状態になり、激しい振動が避けられない。

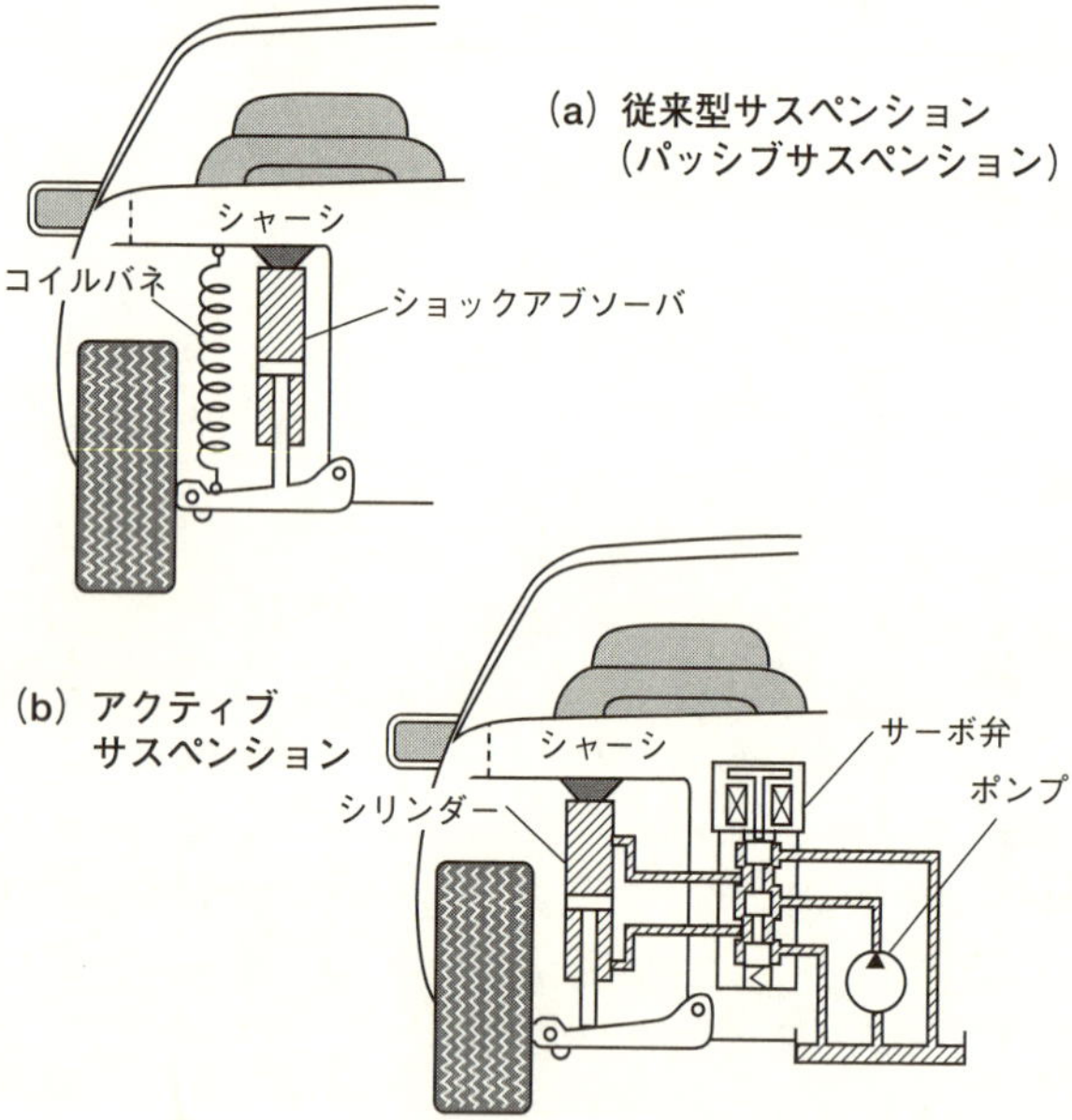

図5-3　自動車のサスペンション

乗り心地と安全性のはざま

自動車を力学的に見ると、車体に四つの車輪が変形体を介して結びついた五体構造になっている。変形体なので、道路の凹凸による振動が車体に伝わる前に、自らが変形することによって吸収してしまうことができる。

これを実現したのが、大きなスプリング（コイルバネ）と吸振装置（ショックアブソーバ）からなるサスペンション（懸架装置）である（図5−3（a））。コイルバネもショックアブソーバも、変形によってその長さが変わる。凹凸のある路面を走るとき、四つの車輪はそれぞれのサスペンションの働きによっておのおのの位置で動く。

サスペンションの役割は、路面の凹凸が引き起こす振動を遮断して乗り心地をよくするだけではない。車輪をしっかりと接地させることによって、車の安全性、安定性、操縦性を保つことも重要な役割である。

しかし残念なことに、乗り心地と車輪がしっかり接地することは、必ずしも両立しない。乗り心地という点から見れば、路面の凹凸をできるだけ遮断してくれるサスペンションが望ましい。振動を遮断するには車輪が浮き気味の方がよい。一方、走る、止まる、曲がるという車の基本的な機能は、車輪が地面にしっかり接していることからくるのである。車輪がしっかり接地すると、振動を遮断するのがむずかしくなる。

乗り心地と接地性の両方を満足させるためにはどうしたらよいかは、自動車技術者の大きな課題であった。

コイルバネとショックアブソーバからなる従来型のサスペンション（パッシブサスペンション）では、両者をともに満足させるには限界があり、サスペンションの機構そのものを思い切って変えなければならないことが次第に明らかになった。

こうして、路面状況を検出し、バネの強さを段階的に変える方法などが開発された。そして究極のサスペンションとして登場したのが、アクティブサスペンション（能動懸架装置）である。

最先端の制御理論が生んだアクティブサスペンション

アクティブサスペンションは、車体と車輪を、コイルバネとショックアブソーバではなく、油圧のシリンダーで結ぶ。シリンダーに加える油圧を操作することによって、車体と車輪の間に働く力を自由に制御し、接地性と乗り心地を両立させようとするものである。（図5−3（b））。

アクティブサスペンションは、これまでのパッシブサスペンションがもっていたさまざまな限界にしばられず、車体や路面の状況に応じて適切な振動の減衰力を発生させることができるので、車の性能を一挙に上げることができる。

乗り心地はもちろんのこと、運転性能も大幅に改善される。たとえば急カーブを曲がるときにも車体が傾かないので、ドライバーは直線道路を走っているのと同じ感覚で運転することができるし、急ブレーキをかけても車体はつんのめって尻を上げるようなことはなく、そのままぴたりと静止してくれる。

一九八〇年代の半ば頃から、各メーカーはアクティブサスペンション開発に力を入れ始め、八〇年代後半には高級車に実装をはじめた。某自動車メーカーは最先端の制御理論（H_∞制御理論）を用いたアクティブサスペンションの開発を計画し、著者らのグループもそのお手伝いをした。

とくにむずかしかったのは、制御のための自動車の力学モデルを作ることだった。すでに述べた変形体を介した五体構造に手こずり、さまざまな失敗を繰り返し、ようやく実際の車の動きを再現するモデルを作ることができた。このような制御を前提とした自動車の運動モデルの完全なものは、当時、世界のどこにも存在しなかったのである。

努力がようやく実を結び、最先端の理論を実装し、テストドライバーによる官能試験にもそれなりの成功をおさめて、さて商品化という段階でプロジェクトは暗礁に乗り上げた。バブルがはじけるとともにユーザーの好みが変わってしまい、アクティブサスペンションのような贅沢なオプションが売れなくなってしまったのである。四輪操舵とあわせると二〇パーセント近く価格が上がり、燃費も悪くなることがユーザーに嫌われたのである。

結局、最先端の制御理論を組み込んだこの「究極のサスペンション」は、一般のドライバーに味わっていただく機会がないままにお蔵入りになってしまったことは、制御理論の研究者としては痛恨の極みであった。しかしアクティブサスペンションで使われた考え方や技術は、その後いろいろな形で花開いていることが、大いに慰めになっている。

飛行の制御

航空機やミサイル、人工衛星などのいわゆる飛翔体は、制御の活躍の場所である。旅客機の自動操縦、ミサイルの誘導などで制御が重要な役割を演じていることは、すでに序章で見たとおりである。宇宙も制御の活躍の場である。

筆者は数年前、オハイオ州のデイトンにある米空軍のライトパターソン飛行制御研究センターの「外部評価」をやったことがある。

図5－4　無尾翼機（米空軍B２爆撃機）

©USAF

テーマの一つに、尾翼のない飛行機（図5－4）の安定化があった。垂直尾翼がないとレーダーに探知されにくく、隠密行動には好都合なのである。

垂直尾翼は飛行方向を決めるのに必要で、船でいえば舵の役割を果たす。一九八五年の日航機の墜落事故は、飛行中に垂直尾翼が損傷したために起きた。そんなに大切な垂直尾翼がなくてなぜ安定に飛べるのであろうか？

答えは制御にある。翼の一部分をわずかに折り曲げ、それを微妙に操作することによって方向を保ったり変えたりできるのである。

アメリカ空軍の制服の軍人が、模型を使って筆者の前で熱弁を振るって説明してくれたが、このような曲芸に似た仕掛けに命を託しているパイロットの勇気に、大いに感心した次第である。

この尾翼なし飛行機は、飛ぶことそのものを制御に負っている。制御がなければ飛ぶことができない。このような飛行機をＣＣＶ（33ページ参照）とよんでいる。

無尾翼機だけでなく、垂直離着陸機もＣＣＶの一種と言ってよかろう。さらに浮力自体を制御し、それによって運動特性を極限まで高めた戦闘機も構想されている。

制御化された乗り物

ところでいまや自動車がＣＣＶの一翼を占めつつある。

たとえばＡＢＳが作動した瞬間に、自動車は制御システムの指揮のもとに入る。人間は何の役割も演じない。まさしく制御化された乗り物である。

ＡＢＳだけでなく、最近の自動車は全身制御の塊と言ってよい。駆動系だけでも燃料の噴射制御、カムレス装置による点火時期制御、トラクション制御、無段トランスミッション制御、電動ステアリング制御など、主要なものだけを取り出しても十指にあまる制御が実施されている。シャーシ系もサスペンションやエアコンや騒音の制御など、制御項目は多い。

その多くはアクティブ制御である。金に糸目をつけなければ、アクティブ制御によって自動車を理想的なＣＣＶにすることも可能である。それがあまりに強力なので、Ｆ１レースの世界では公平な競争を維持するため、出場車のアクティブ制御は禁止されているほどである。

自動車の制御はコストとの戦いであり、狭い空間に装備するので空間との戦いでもある。制御

U字のレール上の錘が、船の傾いた方向に移動するが、傾きが反対になったときは、戻りが遅れるので、結果的に揺れを軽減することができる。さらに、横揺れに応じて錘をモータで逆方向に動かし、アクティブにも減揺効果を発揮する。

図5-5 「みらい」の減揺装置

写真提供／海洋科学技術センター

技術者の本当の意味での力量が試される分野である。

制御で船酔いを解消する

自動車や飛行機だけでなく、船にも制御は進出している。

船旅の最大の敵は船酔いだろう。船酔いは、当然、船の揺れが原因である。そこでこれまでにも、揺れを抑えるさまざまな仕組みが使われてきた。最近ではアクティブな動揺抑制装置（減揺装置）が使われるようになってきている。

海洋地球研究船「みらい」は、船が揺れるとさまざまな観測に誤差を生じるので、動揺を制御する装置が搭載されている。センサーが船体の横揺れ角の変位や角加速度を測って、それを抑える方向にモータが重い錘《おもり》を動かすのである（図5－5）。

減揺装置は、次第に一般の船にも搭載される傾向にある。そのうち船酔いは過去の遺物になるかも知れない。ただし一歩間違えると動揺を助長し、沈没に至りかねないので、アクティブ制御には制御理論の粋を極めた高度な設計をする必要があろう。制御屋の腕の見せどころである。

アクティブ免振装置

乗り物はできるだけ振動を避けなければならない。そこで地下鉄や新幹線など軌道の上を走る乗り物も、振動を除くためにアクティブサスペンションが台車に取り付けられている。

ここで力を発揮するのは油圧ではなく空気圧である。空気圧は油圧に比べて出せる力が小さいが、電気で走る地下鉄や新幹線では燃える可能性のある油は禁物だし、道路と違って振動の発生パターンも限られているので、空気圧で十分目的を達成することができる。

振動のエネルギーという点で群を抜いているのが地震である。地震が引き起こす建物の振動をアクティブ制御で完全に押さえ込むことは、発生エネルギーが大き過ぎて太刀打ちできない。しかし高層建築物が地震以外の原因、たとえば風や近所を走る高速道路の影響などによって振動する場合は、アクティブな制御で振動をほとんど消すことができる。

アクティブ免振の原理は、アクティブ減揺装置と同じく、建物の動きをセンサーで検出し、建物に振動と反対の動きをするような力を加えることである。なるべく大きな質量（アクティブマス）を振動の方向と反対方向に動かせばよい。このような装置はすでに販売されており、多くの高層ビルにとりつけられている（図5－6）。

ただし、これも制御が正確に行われないと振動をむしろ増幅する結果になってしまう。振動のパターンは複雑でしかも変わりやすいので、効果的な制御を行うには、高度な設計手法を使わねばならない。

橋を制御で架ける

アクティブな制振装置は、橋を架けるときにも使われている。吊橋はまず何本かの橋柱を建て、その橋柱の間にワイヤーを張ることによって完成する。

橋柱を建ててからワイヤーを張るまでのあいだ、橋柱は単独で建っている。しかしもともとワイヤーで支え合うように設計されており、単独で建っていると、強風が吹いて横から力が加わったりすると、折れたり倒れたりする可能性がある。

本四架橋をはじめ海に橋を架けるときは、とくに強風対策が必要である。そこで最近では、ワイヤーを張るまでの間は、建設途中の部分にアクティブな制振装置をおき、風による振動の発生を抑えるのが普通のやり方になっている。

音を消す制御

振動と言えば音も空気の振動である。振動をアクティブに抑えることができるのなら、音もア

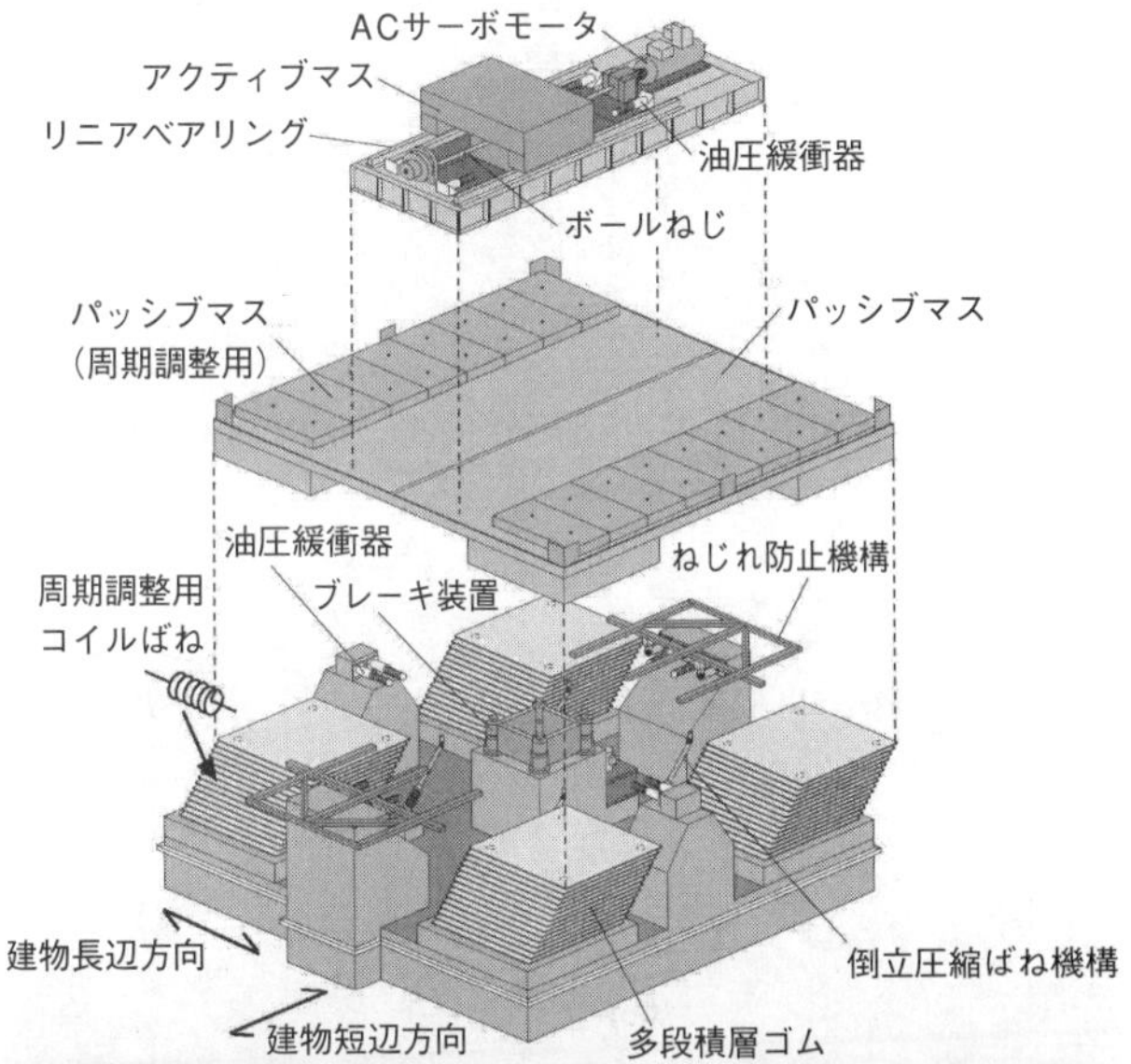

図5-6　建物のアクティブ免振装置

提供／大林組

クティブに抑制できるはずである。

たとえば自動車の排気管にはマフラーという消音装置がついている。排気ガスがここを通ると、エネルギーが共鳴や吸収によって失われ消音効果が出るが、これをアクティブにすることによって消音効果を上げる試みがなされている。

排気管を通る排ガスの振動・モードをセンサーが測り、それと逆の位相をもつ振動・モードをスピーカーによって加えるもので、すでに実用化が始まっている。また消音室の吸音壁を外から入ってくる音の波と逆位相に振動させ、アクティブに消音効果を出す試みも行われている。

田植えロボットの制御

この節を終えるにあたって、筆者自身の商品開発の経験で思い出深いものを二つ述べよう。

一つは田植え機の自動化である。昔の田植えは、お百姓さんがももまで泥田につかって腰をかがめ、一本一本手で植えていた。農作業の中でも苛酷な仕事の一つである。

その後、田植え機が登場した。お百姓さんはそれを押したり、乗ったりして水田をゆっくり走ると、苗がひとりでにカタカタと植えられて行くのである。この田植え機を泥深い田の中で真っ直ぐ走らせるには、かなりの熟練を要する。もしも曲がりくねって苗を植えてしまうと、稲が実るにつれてそれが目立つようになり、その田の持ち主は恥をかくのだそうである。

そこで田植え機を自動制御によって無人運転させ、誰でも真っ直ぐに走らせることのできる

「自走田植え機」の開発をある農機具メーカーが計画した。兼業農家が増え、田植え機の無人化には大きな需要がある、とその会社はソロバンをはじいたのである。

筆者もその制御系設計のお手伝いをした。

レーザー光をガイドとし、コーナーキューブとよばれる受光センサーで位置を測り、位置決めの制御を現代制御理論で設計し、それを実装した自走田植え機が作られた。その田植え機は、深い泥田で泥に足をとられながらも真っ直ぐ走って、苗をきれいに植えることに成功した。

しかし最大の問題はＵターンであった。Ｕターンするには、ガイドを次のレーンに移動させるため、レーザー光源のポストをあぜ道の上で動かす必要がある。このための精度のよい簡単な方法を考え出すことができず、この開発は最終段階でお蔵入りとなってしまった。いまならレーザーなどを使わず、衛星を使った位置決めシステム（ＧＰＳ）を使って実現できるかも知れない。

パワーショベルの制御

もう一つの思い出は、小型パワーショベルの無人化である。

パワーショベルはロボットと似ている。それぞれブーム、アームとよばれる二本の腕を動かして、先端に取り付けられた容器（バケット）に土をすくい取り、それを別の場所に移動させる。いうならば穴を掘ったり斜面を削ったりするための、土を相手にした工作機械である。自由度は三つあり、普通の工作機械と違うのは、キャタピラがついていて移動できることである。

パワーショベルの作業は、やってみるとたいへんにむずかしい。バケットの角度を深くつっこみすぎると土がすくえなくなるだけでなく、アームやブームに過度の負荷がかかって安全装置が働き、油圧が落ちてしまう。不安定な姿勢で大量の土をすくい上げると、バランスを失って転倒することもある。最悪の場合は自分が掘っている穴に転落することもある。

この作業を自動化するプロジェクトのお手伝いをしたのである。目標とする仕事の内容をコンピュータにセットすると、コンピュータがパワーショベルの動きをプログラムし、その設定どおり自動的に動くように制御することが開発の目標であった。

完全な自動化までいかなくても、何台かのパワーショベルをリモコンで一人のオペレーターが同時に運転できるようになればそれでもよい。この目標は達成し、パワーショベルの付加価値を高めるのに貢献したはずである。

制御を単体として装置に組み込むのは、ある意味ではそんなにむずかしくない。しかしその制御系を、それを使うさまざまな環境の中で、システム全体の一部として機能を発揮させるのは、それほど楽な仕事ではない。装置の保守までを考慮に入れた、さまざまの要求の間の折り合いをつけることが大切になる。これを私が知ったことが、筆者がこれらの実際の制御にたずさわって得た、一番大きな収穫であった。

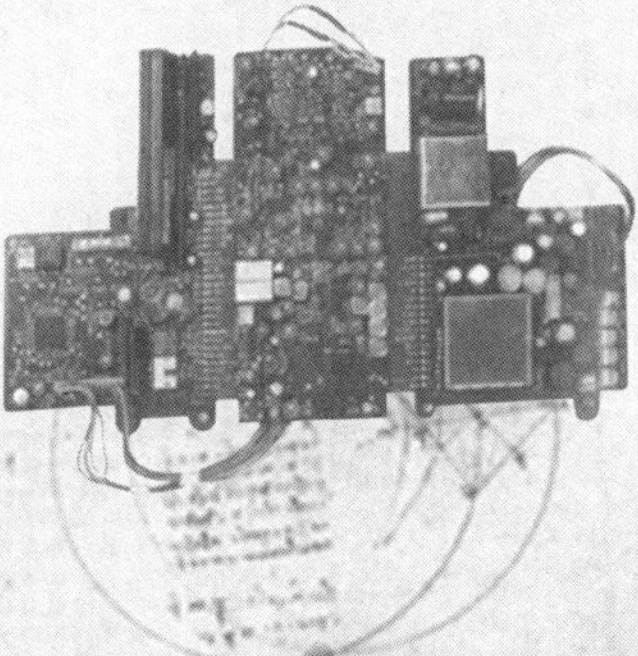

第6章 重厚長大から微細濃密まで

第6章 重厚長大から微細濃密まで

制御はもの作りの世界で縁の下の力持ちである。機器やシステムに、それが使われる場所で最大限の能力を発揮させるのが、制御の役割である。よく工夫され、しっかりと作られた制御装置には、安心してもの作りを委ねることができる。

製鉄は巨大装置産業

製鉄技術はこの三〇年間に著しい進歩をとげた。この間、物価はおそらく数倍になったが、鉄のトン当りの単価は一九六八年よりもむしろ安くなっている。これは技術の進歩の賜物である。たとえば一九七三年の第一次オイルショック以後の、製鉄業の省エネルギーの努力は文字どおり血のにじむものであった。ちょっと古いデータだが、一トン当りのエネルギー消費量は一九七五年を一〇〇として、八七年は七七まで下げることに成功している。一方、製品の歩留まりは一九七五年の八五パーセントから八七年には九五パーセントにアップしている。

このような製鉄技術のめざましい進歩は、製鉄プロセス全域に及んでいるが、その一翼を担ったのがコンピュータを大量に導入した、操業の徹底的なシステム化である。操業のシステム化は省力、省エネルギー、生産性向上そして何よりも品質の向上をもたらしたが、その中で制御の果たした役割は小さくない。

製鉄のような装置産業には、スケールメリットがついてまわる。すなわち一度にたくさんのものを作れば、それだけ単価が下がる。したがって、どの製鉄所も規模はかなり大きい。

図6-1　溶鉱炉

写真提供／新日本製鐵

製鉄所のシンボルともいえる溶鉱炉（図6-1）は、本体だけで高さが五〇メートル、周囲の長さも五〇メートル以上あり、毎日一万トンもの銑鉄《せんてつ》が、休むことなく生産される。これは自動車に使われる鉄に換算すると、日本で一番大きな自動車工場での使用量の一週間分に相当するのだから、製鉄のスケールの大きさが分かる。

究極の物質変容

製鉄の特徴は、そのスケールの大きさだけにあるのではない。むしろ本当の特徴は、製鉄が引き起こす「もの」の変化の度合いが著しく大きいことである。製鉄所のヤードに積み上げられた赤ちゃけた鉄鉱石の山から、自動車用の光沢のある鋼板や地下深く埋められても腐食も変形もしないパイプを大量に作るには、数多くの複雑な工程を経なければならない。それらの工程がかかわる物質の状態やその変化を引き起こす現象は、実にさまざまで範囲が広い。

鉄鉱石から鉄を作る製銑とよばれる工程と、銑鉄から鋼を作る製鋼とよばれる工程では、燃焼、還元、溶融などの化学反応が主役を演じるが、鋼からパイプや板などの製品を作る圧延では、物質の変形という物理現象が主役となる。

製鉄プロセスでは固体、液体、気体、粉体、粒体、溶融体などあらゆる物質の態容があらわれ、それに伴って温度環境も、高い方では溶鉱炉の二〇〇〇度Cから、低い所では窒素蒸留塔のマイナス一八〇度Cまで、きわめて広い範囲に及んでいる。

このように、製鉄プロセスは出入りする物質の量の大きさとその変成、変形、移動の規模の大きさ、それに伴うエネルギー消費量の大きさ、そしてそこで起こる現象の多様さ、という点で装置産業の世界でも抜きん出た存在である。人類が作り出した物質変容の究極の姿と言ってよい。そこで生じる物質とエネルギーと、そして情報の複雑な流れを制御する制御工学の役割が重いことは容易に想像がつくであろう。

溶鉱炉は巨大な消化器

鉄づくりのプロセスは溶鉱炉（高炉ともよばれる）からはじまる。溶鉱炉の仕事は、一口で言えば鉄鉱石から銑鉄を取り出すことである。

鉄は、鉄鉱石の中で酸素と結びついた酸化鉄として存在しているので、取り出すには鉄鉱石から酸素を追い出すことが必要である。これを還元とよぶ。

そのためには、酸素と結びつきやすい一酸化炭素や水素ガスを鉄鉱石といっしょに燃やせばよい。鉄鉱石中の酸素は、一酸化炭素や水素ガスと結びつき、二酸化炭素（炭酸ガス）や水蒸気となって出て行ってしまい、あとに鉄が残る。これが銑鉄である。

一酸化炭素を発生させるには、鉄鉱石にコークスや石灰石を混ぜて、溶鉱炉の頂上から炉に投入し、炉の下部にある送風口（羽口）から高温の空気を送りこんで燃焼させる。炉の頂上から投入された鉄鉱石は、最初は焼き固められた粒状の塊だが、それらが押し合いへしあいしながら炉の中を少しずつ沈んで行くうちに、次第に溶けはじめ、角がとれて互いにくっつきあうようになり移動の速度も増す。それとともに還元も進み、やがて完全な液状となって炉の下部に沈殿し、鉱滓（スラグ）とともに出銑口から炉外に取り出される。

溶鉱炉は人間の消化器に似ている。人間が口から食物を入れるように、炉の頂上から鉄鉱石やコークスなどの「食べ物」が入る。食物が食道から胃、腸を経るうちに形や成分を変えるように、鉄鉱石も固体から液体へ、また鉄鉱石から銑鉄へと姿形を変える。そしてその最後の形が排出されるのも両者共通である。

人間の消化器は、調子の良いときは、食べたもののうち一定量が規則正しく排出される。そしてそれは健康の証でもある。しかし消化器も不調になると排出も安定しなくなる。

同じように溶鉱炉も、炉の状態が安定しているときはよいが、不安定になると、思ったとおりの溶鉄が「排出」されなくなるのである。ひどいときには、一日の生産量が予定された量の半分にも満たない日が何日も続くことがある。溶鉱炉は製鉄プロセスのはじまりだから、溶鉱炉がこのような「病気」にかかると、製鉄所の操業全体が混乱状態におちいる。

宿老からエキスパートシステムへ

溶鉱炉を人間の消化器になぞらえたが、両者の大きな違いが一つある。人間の消化器は一日三度の食事どきだけに働くが、溶鉱炉は一日二四時間休みなく働き続けている。人間の消化器は空腹時は空になるが、溶鉱炉はいつでも満腹状態にある。もし溶鉱炉が、毎日何回かに区切って空にする方式（バッチ方式）をとっていたら、溶鉱炉の操業は面倒になるが技術的には容易になる。しかしその代わり、エネルギーを今よりはるかに多く消費する効率の悪いものとなる。

溶鉱炉のように休みなく連続的に製品を作り出す仕組みは、化学工場などの装置産業では普通のことだが、化学工場と違って溶鉱炉は、固体を原料とするので連続操業は格段にむずかしい。

それだけに、その操業を安定にしかも安全に行うには、長年にわたる経験が必要とされる。かつて八幡製鉄所ではこのような溶鉱炉のプロに「宿老」という特別の称号を与え、その技術に敬意を表してきた。宿老たちは小さな窓から鉄鉱石の燃え具合を見、炉のまわりを歩き回って炉が発生する轟音を聞き、炉のオペレーションを決めていたという。

しかし今では、このような溶鉱炉のプロフェッショナルは操業現場から消え、代わってたくさんの計測データを集めたモニターと計算機を結びつけた表示盤のならんだ、快適な操作室で作業するオペレータの姿がある。

オペレータは、数多くの測定データから炉の中のさまざまな物質の動きと温度、圧力、成分などの物理量の変化を読み取り、炉の状況のよしあしを判断しながら、原料の供給の仕方（供給量、配分比、装入分布など）、熱風の送り方（送風温度や送風量など）、燃料の供給などを調節する。

このオペレーションを誤ると、溶鉱炉は先程述べたような「病気」になってしまう。「病気」にならないように溶鉱炉の「健康状態」をいつもチェックし、「病気」の兆候を早く発見し、大事に至らないうちにその芽を摘まなければならない。言い換えれば、操業の定常状態を保つこと、すなわち「保つ制御」を行うことである。

溶鉱炉は、製鉄プロセスのなかで、未だに完全な自動制御ができない唯一の装置である。溶鉱炉が長い歴史をもつ製鉄の象徴的な存在であり、製鉄プロセスのもっとも上流に位置する基幹設備であることを考えると、不思議なことである。

溶鉱炉はもの作りの装置としては、巨大であるだけでなく実に複雑である。その中身は固体の鉄鉱石、石灰石、コークス、液体の溶銑、気体の空気、水蒸気、炭酸ガスなどからなり、互いの間でさまざまな化学反応を起こしつつ、その状態を常に変えている。ところが二〇〇〇度Cにもなる高温の炉内の状態を測ることはむずかしいし、場合によっては危険をともなう。

溶鉱炉の自動制御ができない理由はいろいろあるが、その最大の理由は、高炉の内部で起こっている現象が複雑であり、まだ誰にも本当には分かっていないからである。

溶鉱炉の自動制御をめざして

しかし、少なくともオペレータは、長年培った経験によってその壁を越え、適切な判断を下しているはずである。そうだとすれば、オペレータの操作ルール、すなわち、こういうことが起こったらこうする、というルールを計算機に取り込み、それにもとづいてアクションをすれば、熟練オペレータのレベルでの操業ができるはずである。このように、熟練者のルールを計算機に覚えこませ、状況に応じてルールにしたがって計算機にアクションさせることは、すでに人工知能の分野ではエキスパートシステムとして定着している。

エキスパートシステムを高炉操業に導入することは、鉄鋼メーカー各社が競って行った。エキスパートシステムまでいかなくても、過去の事例を計算機に覚えこませ、現在の状況ともっとも近い過去の事例を参照して操業アクションを導き出すことは、すでに鉄鋼各社で行われている。

ただしエキスパートシステムにしても過去の事例参照にしても、今のところオペレータの操業アクションの参考情報として与えられるにとどまっており、高炉本体の操業アクションを完全に自動化するには至っていない。

一方では、高炉の中で起こっている複雑な現象を、さらにくわしく解明しようとする努力も続けられており、それにともなって高炉のモデルも次第に精度がよくなっている。こうした物理モデルにもとづいて、高炉の完全な自動制御が実現する日もそんなに遠くはないと思われる。

圧延は製鉄制御の華

製鉄プロセスの制御の花形は、最終工程の圧延であろう。鋼の板（スラブ）になった鉄は、圧延によって変形され、板、パイプ、棒などのさまざまな最終製品となって出荷される。

鉄のもっとも大口のユーザーは自動車メーカーだが、それはもっとも辛口のユーザーでもある。たとえば、ボディに使う厚さ〇・六～〇・八ミリメートルの薄板の厚さの精度は、プラスマイナス一〇ミクロン（一〇〇分の一ミリ）以下であることが要求される。幅や平坦度も厳密にチェックされるし、表面に少しでも傷がついていたりするときついクレームがつく。

自動車メーカーにとって、車体用の薄板は自動車の基本的な素材である。それが思うとおりのものでなければ、結局、よい自動車は作れない。鉄鋼メーカーが良質の鉄板を安定して供給し続けたことが、わが国の自動車産業を飛躍させた原因の一つであることは間違いない。

さて、鋼の塊から薄板を作るにはどうしたらよいか？　これは、つきたての餅を麺棒で平らな板状にして行くのし餅の作り方と同じで、鋼の塊にローラーで力を加え、平らに押しつぶして行くのである。まさしく「圧して延ばす」すなわち圧延である。

しかし餅と違って鋼は硬いから、変形させるには大きな力が必要である。巨大な鉄のローラー

（ミル）をとおして、何十トンもの力を鋼の塊の上と下から加えるのである。一回ではなかなか変形しないので何度も力を加える。のし餅の場合は麺棒を手で往復させればよいが、鉄の場合はローラーが重いので、それを往復運動させるより、圧延しようとする材料の方を動かしたほうがエネルギーは少なくてすむ。また、往復運動は速度の方向を変えるときにパワーの損失が生じるので、できれば一方向の動きだけで圧延を完了させたい。

こうして考え出されたのが、現在の圧延の主流となっているタンデムミル（図6−2）である。

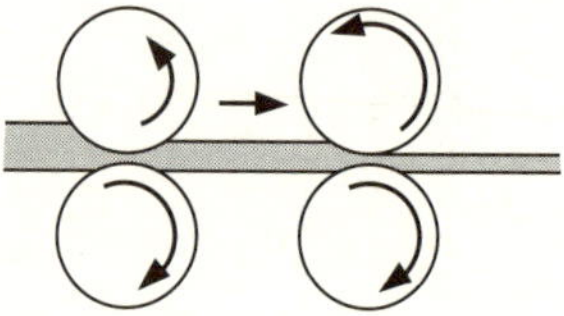

図6−2　タンデムミルの仕組み

材料は六〜七個直列に並んだ上下のローラーにはさみこまれ、ローラーが回転すると摩擦力によって回転方向に送られる。ローラーを通るときに、ローラーに上下から加えられた荷重によって変形し、薄くなっていく。六〜七個のローラーを通過すると、厚さが熱間圧延では一〇分の一から二〇分の一、冷間圧延では三分の一から六分の一になる。

板の圧延は用途によっていろいろなタイプがあるが、なかでも熱間圧延は製鉄の華である。赤熱した板の塊がガイドの上をひた走り、圧延機にかみ込まれると火花を散らしながらみるみる赤から灰色に変色し、そして黒光りのする板に変わっていく光景は、もの作りのダイナミズムと美しさを堪能させてくれる。

かつて薄板の圧延は、熟練した人力による作業であった。作業者は開き放しの加熱炉の前で、その熱に灼《や》かれながら、赤熱した鉄の塊を手作業で扱う危険で過酷な作業だった。現在では、冷房の効いた操作室からの遠隔操作によって大半の作業をこなしている。

ミクロンの精度をクリアする圧延制御

そもそも圧延は、制御なくしては成り立たない。

ローラーの入口と出口では板の厚さが異なる。一方、一定時間に入ってくる材料の量は、出ていく量と等しくなければならない。そこで板の入ってくる速度と出ていく速度の比は、厚さの比のちょうど逆になっているはずである。したがって圧延の厚さを思いどおりにするためには、各ロールの回転速度の比を、厳密に制御しなければならない。「合わせる制御」の出番である。

ロールは、何トンもの重さのある巨大な円筒状の鉄である。その回転速度を精密に制御する技術がタンデムミル実現の前提であった。

速度制御と並んで重要なのが、圧下力（荷重）の制御である。ロール直下の板を所定の厚さにするには、ロールに加える油圧力を、板厚の変動を測りながら微妙に調節しなければならない。フィードバック制御である。

これにはいろいろな方式があるが、いずれにしても、ロール直下の板厚を直接測定することはできず、ロールの空隙とロールがうける反力から逆算して推定するしかない。

現在、たとえば自動車のボディ用の鋼板は、幅五メートルのものを一分間に一二〇〇〜一五〇〇メートル圧延することができる。驚異的なスピードである。しかもミクロンレベルの板厚精度は楽々とクリアしている。

板の品質は寸法だけではない。硬さ、ひっぱり強さなどの質も重要で、それは圧延のときのさまざまの環境（温度、張力、摩擦など）によって影響される。最近では合金の種類も増え、圧延の対象が多様化している。それぞれの材料に適合するように圧延環境を自由に制御し、それを通して材質を制御することが今後の課題である。

引っ張って延ばす

二〇年近く前になるが、鉄ではなく、アルミニウムの圧延機の制御系設計をお手伝いしたことがある。アルミニウムは鉄よりもはるかに柔らかく軽いので、加工はしやすいが、むずかしさもある。傷がつきやすく、変形しやすいので、寸法の精度はかえって出しにくい。

新しい制御系が要求された理由は、圧延の加速時（板を圧延機がかみ込んでから定常速度まで上昇する間）と減速時（加速時の逆）に板厚の精度が保てず、加速に時間をかけなければならなかったからである。板をかみ込んでから一気に加速し、しかも板厚の精度を保証する制御系を構築することが目的であった。

私たちが考え出したのは、スタンド圧下による変形と、板を引っ張ることによって板に発生する張力による変形とを組み合わせ、両者の長所を生かすことによって、板厚の精度を出す方式である。

しかし当時の常識では、張力は、一定に保つべきで、圧延の操作としては用いるべきではないと思われていた。

それは、下手をして限界以上に張力をかけて板が千切れると、大変なことになるからである。とくにアルミニウムの場合は、圧延に用いる潤滑油が発火しやすく、もし板が切れてそれに火がついたら大変なことになる。消火装置が働くと、工場全体が何時間も操業不能になってしまうのである。

常識破りの新制御方式

しかし薄い板をさらに薄くするには、上から力をかけるよりも、両側から引っぱったほうが効果的なことは直感的にも明らかだし、張力は前後の圧延機の回転速度を変えることによって自由に制御できる。制御理論を素直に適用してみると、張力を圧延に使えばよいことがごく自然に導き出される。そこで私たちは、圧下力と張力のどちらも操作変数として用いる「多変数制御システム」を構築した。

これには現代制御理論の基本の一つであるオブザーバ（観測データから内部状況をリアルタイムで推定するシステム）を用いた。この方法は後に「外乱オブザーバ」という名で、いろいろなところで使われた。

それを工場の圧延機に実装した。ただし現場の作業班に、新しい方式をおしつけず、新制御方式と、従来から用いられている制御方式のどちらかを、操業のたびに自由に選択できるようにした。

最初は、予想どおり、どの班も新しい方式を使おうとしなかった。しかし班同士の出来高競争や歩留まり競争が激しくなるにつれて、新方式のほうが実績が上がることが評価されるようになり、導入されてから一年後には、すべての班が新方式を使うようになった。

この制御方式は一九八九年に、一年に一編だけ選ばれる国際自動制御連盟（ＩＦＡＣ）の論文賞を受賞している。後には科学技術庁の注目発明賞もいただいた。

この制御系を実装するにあたって私たちは一つ失敗してしまった。新方式を率先して使ってくれた作業班の班長が胃潰瘍で入院したのである。

新しい制御系は、張力を積極的に圧延に用いるので、従来方式に比べて張力計の針が頻繁に振れる。そのたびに責任者である彼は、板切れの恐怖によるストレスに苦しんだのである。

それが彼の入院につながった、と話してくれたのは、この制御系設計のプロジェクトを中心になって推進した故星野郁弥氏である。張力計の目盛りをスケールダウンすべきであったというのが彼の唯一の後悔であった。

ヒューマンインターフェイスの重要性を肝に銘じたのが、このときの経験である。その星野郁弥氏も一九九八年、四〇代前半の若さで勤務中に急死した。日本の制御技術にとって代わるべき人のいない惜しい人材であった。

「微細濃密」の半導体

鉄が「重厚長大」の旗頭とすれば、半導体は「軽薄短小」の典型である。わずか二センチメートル角のチップが、新聞一〇〇〇ページ分の情報を記憶できるのだから、むしろ「微細濃密」といったほうがよいだろう。

半導体製造は、近代工業の長い歴史を通じて、おそらくもっとも厳しい製品の質を要求されるプロセスである。たとえば半導体の原材料となるシリコンウエハに要求される純度は九九・九九九九九九九九九九パーセント。九が一一個つくのでナインイレブンとよばれている。加工、研磨、塗布などの精度はミクロン以下のレベルが要求される。

半導体製造は製鉄と一見対照的といえるが、実は似ている所も多い。技術が生産性を左右するという意味で、どちらも技術集約型である。シリコンも鉄も、地球に成分として豊富に含まれている。さらに半導体製造も製鉄も、化学的な処理と機械的な処理を組み合わせて行うものである。日本のどの製鉄会社も半導体関連の事業に手を染めているのは偶然ではない。

ところが、製鉄では制御を中核としたシステム制御がキーポイントであるにもかかわらず、半導体製造が、製鉄と共通点の多い制御を、積極的に取り入れた形跡はあまり見られない。

たとえば、シリコンの単結晶を引き上げてウエハを作るとき、ウエハの径を一定にするためには、引き上げ速度を制御しなければならないのは明らかである。しかし、このプロセスに自動制御が導入されたのは一九八〇年代に入ってからで、それまでは人が経験と勘に頼ってやっていたというから、ずいぶん呑気なことであった。

もし制御技術が半導体製造プロセスのキーテクノロジーとして早くから本格的に導入されていれば、設備の陳腐化を防ぎ、無駄な投資を避けることができたのではないだろうか？

高速熱処理の制御

すでに古い話になるが、半導体製造プロセス制御の例として、スタンフォード大学とテキサスインストルメント社が共同で開発した高速熱処理（ＲＴＰ）を紹介しよう。

これはシリコンウエハを高速で加熱・冷却するプロセスで、半導体製造では何度も繰り返し用いられる。たとえばウエハの表面に酸化膜を形成するためには、ウエハを酸素の多い雰囲気の中で加熱した後、冷却する。その他にもイオン注入、洗滌、窒素添加など熱処理を必要とする工程は多い。

このような熱処理は、素早くしかも間隔をあけずに行うほうが生産性が上がるし、不純物の混入を防ぐことができる。問題は、速く加熱したり冷却したりすると、ウエハ内部に熱応力が発生し、塑性変形を起こしてしまうことである。ウエハのどの場所に作られたチップも同じ特性を持

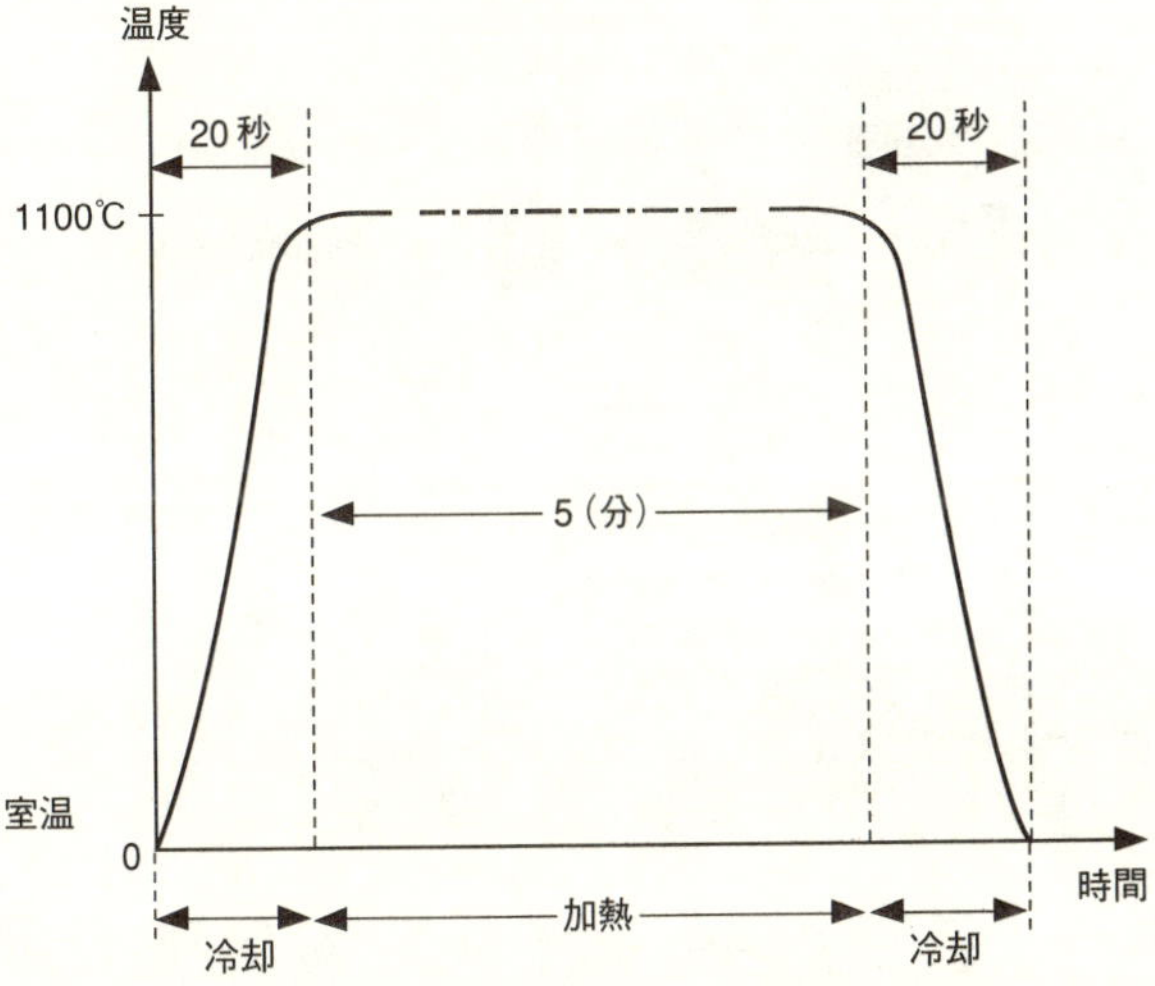

図6-3　シリコンウエハの熱処理パターン

たなければならないから、熱変化はウエハのすべての場所で等しくなければならない。

図6-3は、スタンフォード大学とテキサスインストルメント社が共同で開発した高速熱処理パターンの一例である。

このプロジェクトでは、ウエハを加熱するランプ、ルツボ、反射鏡などすべての条件を考慮に入れた数式モデルを開発し、ルツボの中の熱流が最適な形になるような光源ランプの強さと配列をもとめ（次ページ図6-4）。さらにウエハの温度を測定して、それを熱源のランプの照度調整にフィードバックする制御アルゴリズムも開発した。

四枚のウエハ、さらに二四枚のウエハを同時に処理する場合にも、それぞれに対して最適な熱源ランプの照度調整のフィードバック制御則をもとめている。

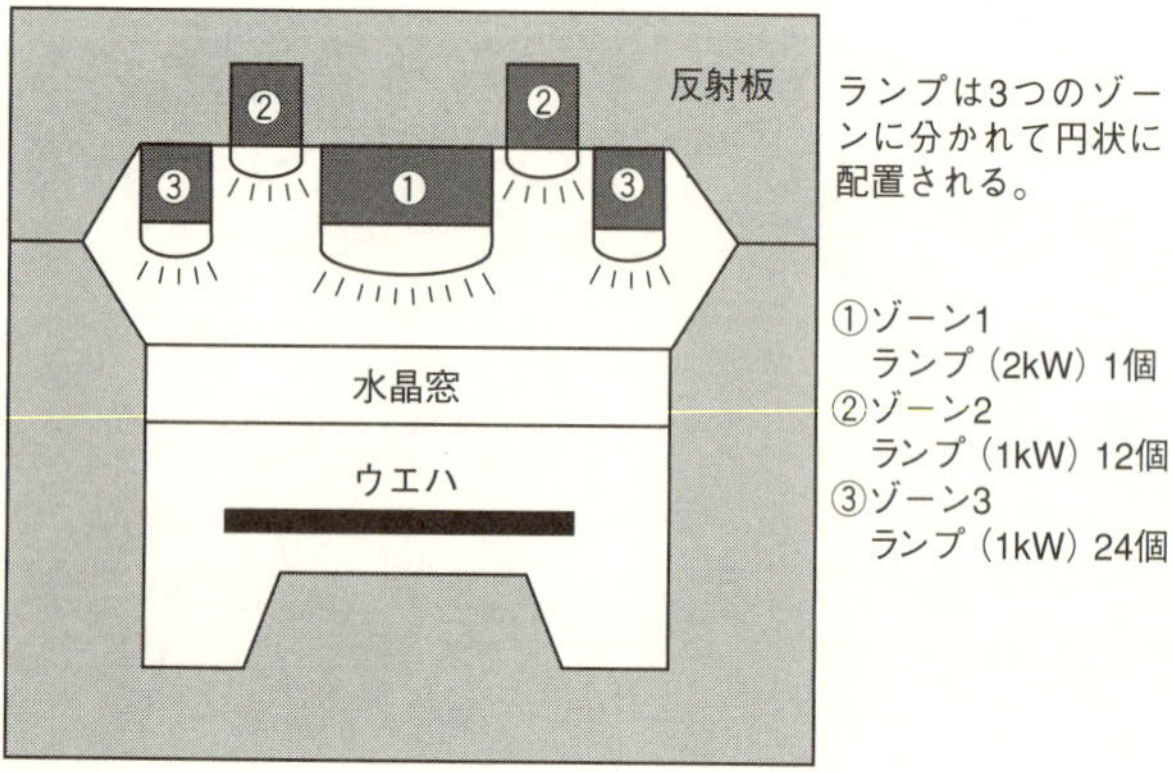

ランプは3つのゾーンに分かれて円状に配置される。

図6－4　ランプの最適配置

その結果、一枚のウエハを加熱・冷却するときの各部分の温度が、最大でも三度Cしか違わなかった。

このシステムは、テキサスインストルメント社で実装され、大きな成果をあげた。さらに後、このシステムを核としてRTPの性能は急向上し、現在では、図6－3と比較して、昇温速度で五倍、降温速度で二倍を実現している。

一万分の一ミリメートルの写真を撮る

ウエハの上に回路のパターンを作り出すには、リソグラフィーとよばれる技術が用いられる。リソグラフィーは一種のカメラである。ウエハの表面に感光剤（レジスト）を塗る。その上に回路パターンを書き込んだマスクを固定し、光を照射する。するとウエハの表面に回路パターンが転写される。

ＬＳＩの集積度が上がるにつれて、回路の線は細くなり、現在では〇・一ミクロン（一ミリの一万分の一）である。このため最近では、可視光に代わってX線やシンクロトロン放射光が用いられるようになってきている。

一枚のウエハからは一〇〇～三〇〇個のチップが作られる。同じパターンを繰り返し転写しなければならないので、光源かウエハを移動しなければならない。光源を移動するのは困難だから、ウエハとマスクを移動することになるが、この移動の精度が問題である。

パターンは層状に形成されるから、前に転写されたパターンに合わせて、次のパターンを正確にその上に転写しなければならない。この精度は線幅の一〇パーセントとしても、数十ナノメートル（一ナノメートルは一〇〇万分の一ミリメートル）の精度が必要である。

また、感光剤上にきちんと像を結ぶように、マスクとウエハの間の距離（約三〇ミクロン）も厳密に保たれ、さらに両者が一分のくるいもなく平行に並ばなければならない。

ナノメートルの精度でものを動かすというのは並大抵のことではない。そこで制御が登場する。

露光装置には、ウエハとマスクと光源の間の距離を検出するためのレーザー干渉計など、高感度の光学系が配置され、ウエハとマスクを相対距離がゼロになるように移動するサーボ機構が組み込まれている。

ＬＳＩの生産性をあげるには、これらの精度だけでなく、そのプロセスを速いスピードで行う必要がある。スピードをあげるとウエハやマスクが微妙に振動したり、精度が悪くなったりするから、今後、集積度が向上していくと、制御のレベルアップはますます重要な課題となる。

浮かせて回す

半導体生産では空気に含まれるチリやホコリ、さらにはウエハにとりこまれやすい微小な分子はすべて製品にダメージを与える元凶である。ＬＳＩにホコリの微粒子や空気中に浮かんでいる微生物が付着すると、配線がショートしてチップが不良品となる。

そのため半導体生産の現場は、クリーンルームとよばれ、その清浄度は一立方メートル中に直径〇・一ミリの粒子が四〇〇個以下である。工場というより病院、それも集中治療室のイメージに近い。室内に入るには、集中治療室と同じように、頭のテッペンから足の先までをおおう防塵服を身につけ、清浄な空気のシャワーを通り抜けなければならない。

半導体を作る工程でも、空気を汚すことのないように十分注意が払われている。

たとえばリソグラフィーでパターンを描く際、システムを真空にする空気ポンプが必要である。ポンプを高速で回転させるには、軸受けがいる。軸受けでは、回転部分と固定部分が接触しているので、両者の間の摩擦を少なくするために潤滑油を使う。潤滑油は摩擦熱のために蒸発することが避けられず、それで空気を汚染してしまう。これは半導体製造にとって大きな問題である。

摩擦をなくせば潤滑油を使わないですむ。摩擦をなくすには、回転部分と固定部分が接触しないようにすればよい。そこで考え出されたのが、磁石で回転部分を支持する磁気軸受けである。

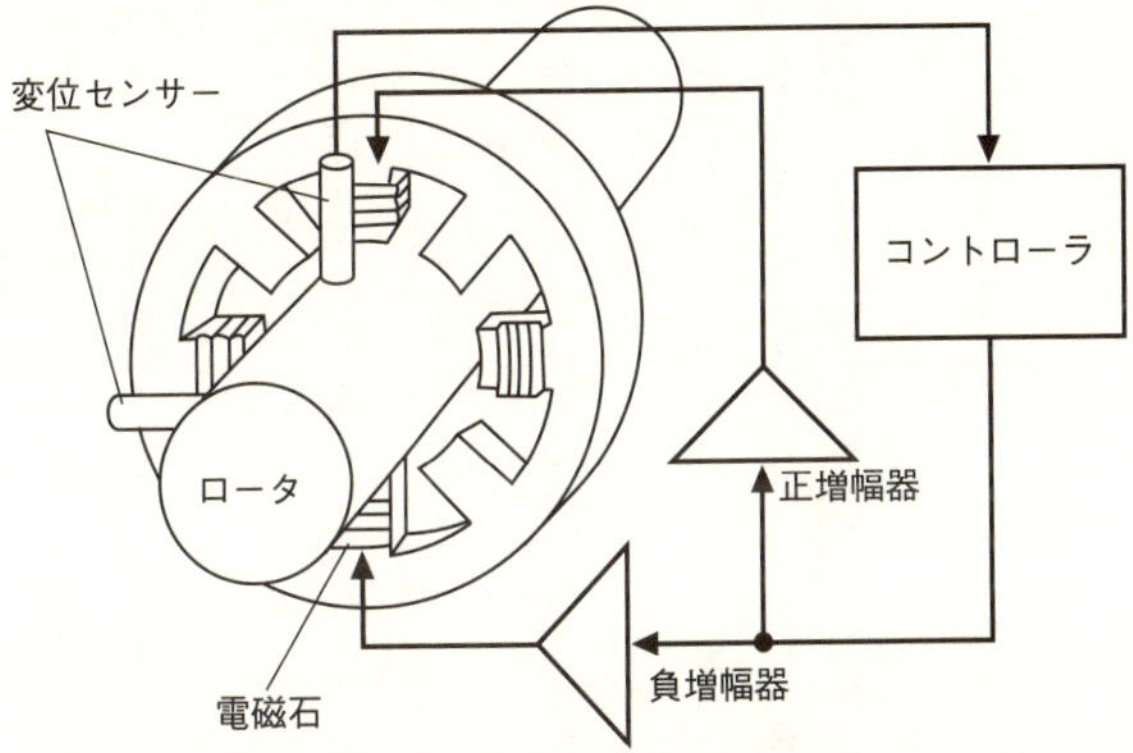

図6－5　磁気軸受けの構成例

磁石の吸引力を利用して回転体を浮上させるのである（図6－5）。

回転体は、負荷がかかっているので、その位置が変わりやすい。軸の位置をきちんと保つには、回転体にかかる力に応じて磁気力を変えるフィードバック制御が必要である。

この制御は、回転体の位置だけでなく、その姿勢も制御しなければならないので、きわめて高度な制御系が必要であり、制御工学の重要なテーマの一つとなっている。

磁気浮上のいろいろ

磁気軸受けに限らず、磁石の力を用いて接触を避ける技術は至る所で使われており、いずれも制御が重要な役割を果たしている。その中でよく知られているのは列車への応用である。磁気浮上の列車は摩擦がないので、速度が上がるしエネルギー効率もよくなる。接触によって生じる騒音も振動もない。

磁気浮上には同極同士の反発力を使う方式と、異極同士の吸引力を使う方式の二つがある。反発式は、旧国鉄時代から開発が進んでいるわが国のリニアモーターカー、JRマグレブ（図6−6（a））が採用している。吸引式はドイツのリニアモーターカー、トランスラピッド（同図（b））で使われている。

磁気浮上でまず問題となるのは、安定に車体を浮上させることである。

反発式では、車体が沈んでレールとの間隔が狭まれば、反発力が増すので自然に車体は浮き上がる（178ページ図6−7（a））。車体が浮き上がってレールとの間隔が広がりすぎれば、反発力が弱まって自然に車体が沈む。つまり車体とレールの間隔に関しては、人為的な制御を必要としない。

これに対して吸引式では、厳密な制御を必要とする。図6−7（b）で示すように、車体の重さと見合う磁気力を発生すれば車体は浮く。

磁気力は車体と磁石の間の距離（ギャップ）の二乗に反比例する。ギャップがつり合いの位置より縮まると吸引力が増すから、車体はますます磁石に引き寄せられる。逆にギャップがつり合いの位置より大きくなると、吸引力は小さくなり両者はますます離れる。

このように両者の力のつり合いは不安定な平衡にあるから、これらを安定させるには、ギャップが小さくなったら吸引力を減らすように電流を小さくし、ギャップが大きくなったら吸引力を

（a）JRマグレブ（日本）

（b）トランスラピッド（ドイツ）

図6-6　リニアモーターカー

©KYODO（2）

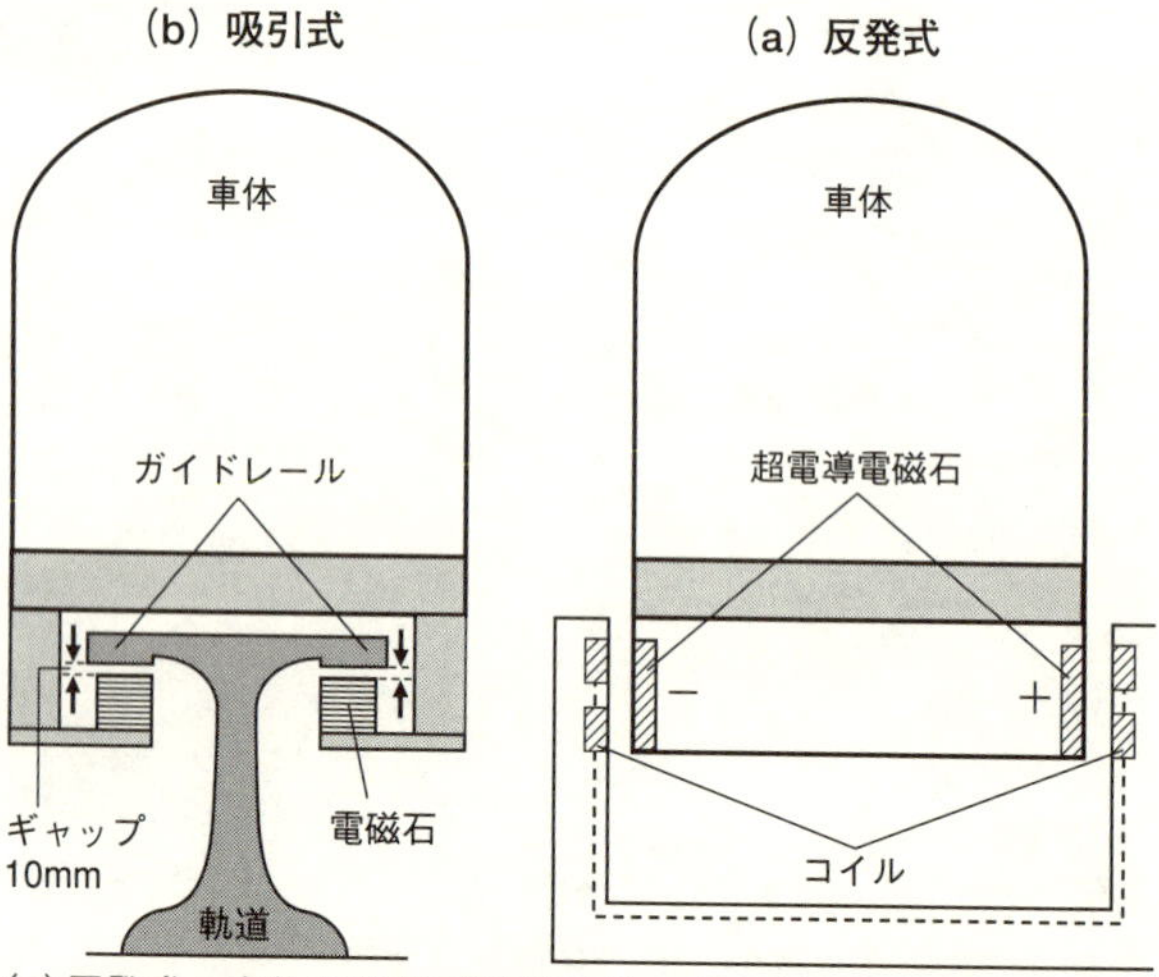

(a)反発式：車体の超電導電磁石が、ガイド側壁の8字型コイルの下数cmを高速で通過すると、コイルに誘導電流が流れて一時的に磁石になり、超電導電磁石との間に反発力と吸引力が発生して、自然に車体を浮上させる。
(b)吸引式：車体の電磁石でレールに吸引する。レールと磁石は10mmの間隔を保つよう、制御される。

図6-7　リニアモーターカーの磁気浮上方法

増すように電流を大きくするフィードバック制御が必要である。

さらに、列車を推進させるリニアモータを置かなければならない。リニアモータを用いた列車の速度制御と、支持の吸引制御を統合して列車を安定に効率よくしかも高速で動かすには、高度な制御が必要である。

列車に限らず、工場内で物を非接触で運ぶためにも、磁気浮上は用いられている。たとえば半導体製造のクリーンルームでは、磁気浮上を用いたウエハの吸引運送装置が実用化されている。製鉄でも、鉄板を高速で運ぶために磁気浮上を用いる研究が進められている。いずれも安定した操業を保証するためには高度の制御が不可欠である。

機械を作る機械

金属を加工するにはいろいろなやり方がある。すでに述べた圧延はその一つだが、それ以外にも鍛造《たんぞう》、押し出し、プレス、鋳造《ちゅうぞう》などいろいろある。どの方法を用いるかは製品の形状や用途による。

機械はさまざまの部品からなるが、部材や部品同士を組み付けるには、はめ合わせたり、ねじで取り付けたりする。その際、部品の寸法精度がよくなければ組み付けがうまくいかなかったりガタが生じてしまう。また形状や部品同士の位置関係が指定どおりでないと、機器がうまく動作しなかったり、効率が劣ったりする。たとえばエンジンのピストンはシリンダにぴったりおさまり、しかもストロークの全範囲にわたって自由に動くことができなければならないから、どちらも十分な寸法精度をもっていなければならない。

このような部品を作るには、刃物で金属を削って所定の形をしたものを作る。工作機械はこのような目的のための機械である。つまり工作機械は機械を作る機械である。

ある国で作られる工作機械の水準は、その国の技術レベルのバロメータとよばれているが、わが国はこの分野では依然として世界をリードしており、世界シェアの五〇パーセント前後を常に保持している。

　もっとも単純な工作機械は旋盤である。これは製品に刃物をあて、製品を回転させて削っていく機械である。製品のひな形があれば、そのひな形の形状を刃先の動きの指令値として与えることにより、刃先がひな形の形状どおりに動き、ひな形と同じ形のものが削れる。

　その仕組みは、ひな形に沿って動くスタイラスの動きを油圧案内弁で増幅し、刃物を動かすシリンダに伝える。刃物の位置がスタイラスの位置とつりあうと、刃物に加わる油圧力はゼロになり、刃物はそれ以上の切削をやめる。これは典型的なフィードバック制御である。これをならい旋盤とよんでいる。

　ならい旋盤ではひな形が必要だが、それを作る作業はかつては職人芸であった。旋盤工はネジ切りからはじめて、どんな形のものでも自由自在に、しかも手早く削れる技術を身につけるために努力をした。現在は、設計図の形状データにしたがって刃物を動かす数値制御となっているため、昔ながらの旋盤工の技能は、特殊な加工を除いて必要性が少なくなってきている。

協調が必要な工作機械の制御

　工作機械の制御では、工具の位置を、加工する形に応じてさまざまに動かすので、複数のアクチュエータが必要となることが多い。その場合、アクチュエータ同士がうまく協調することが、精度のよい加工をするための鍵となる。

たとえばネジ切り（タッピング）加工では、回転してネジを切る工具（タッパー）と、タッパーをネジのピッチに合わせて移動（並進動作）させる工具（送り軸）が必要である。タッパーが一回転する間に、送り軸はピッチに合うだけの送りを正確に行わなければならない。一秒間に数十回も回転する速度でその正確さを保持するには、高度の制御が必要である。「合わせる制御」「保つ制御」の出番である。

工作機械は旋盤ばかりではない。穴をあけるボール盤、平面を削るフライス盤、穴をくりぬく中ぐり盤なども工作機械の仲間である。さらに、このような機能を統合し、刃物や製品を自由に動かしてさまざまな加工を順序よくやってのけてくれるマシニングセンターが、工作機械の主役となっている。刃物の姿勢を自由に変え、切削中それを保持する制御は高いレベルを必要とする。

すでに述べたように、最近ではマイクロマシンや半導体製造装置、さらに遺伝子やタンパク質の解析装置などで必要とされる超微細加工では、ナノレベルの精度が要求されている。すでに「ナノサーボ」は工作機械開発のキーワードである。

制御を高度化する必要はますます高まっている。

第7章 ロボットの進化

今の制御の花形は何といってもロボットである。より人間らしいロボットへの要求は、制御のレベルアップにかかっている。動きに関する人間とロボットの差は、制御の差ともいえるが、両者のギャップは広くそして深い。そのギャップを埋める研究が熱心に進められている。

無人工場をめざして

第二次世界大戦後間もなく、産業の全分野に押し寄せたオートメーションの波は、生産性を著しく向上させた。このままオートメーションが進めば、機械が勝手にものを作る無人工場が実現するのではないかと、当時大いに議論されたものである。無人工場は究極の省力化であり、技術者の夢であり、そしてもの作りの理想的な姿である。

その後のオートメーションの発展はめざましく、とくに産業用ロボットの導入によって、オートメーションは新しい段階に突入した。産業用ロボットの進歩は、夢を実現する大きな力となった。作業者のやっていることは保守、点検だけという工場は、今では珍しくない。工場を見学しても、作業者を生産ラインで見ることは少なくなり、代わって作業をするロボットや自動機器ばかりが目につくようになった。

ロボットといえば、若い人々はソニーのＡＩＢＯやＳＤＲのような「ペットロボット」やサッカーをする「プレイロボット」を思い浮かべるかも知れない。しかしオートメーションを担うロボットは、人間とは似ても似つかない姿の、仕事一途ないかつい機械である。

産業用ロボットの歴史は、わが国の産業界に本格的に導入されはじめた一九八〇年が「ロボット普及元年」とよばれるくらいだから、比較的新しい。一九五〇年代のオートメーションの本格的なはじまりから四半世紀後のことである。

しかし今や産業用ロボットは、工作機械とならんで、わが国が外国の追随を許さない技術レベルと使用実績を誇る分野である。世界中の産業用ロボットの過半数は日本で使われているという。

手作業をするロボット

人間はおもに手を使って仕事をする。そこで産業用ロボットも、手を模したものとなっている。手でものをつかみ、決められた位置に移動させるのが、さまざまな作業の基本動作で、ロボットの動作もそれを基本にする。

たとえばスポット溶接ロボット（次ページ図7－1）の例で考えよう。

ロボットは溶接ガンを抱え、それを溶接位置まで運び、ガンを接合部の真上に置き、接合平面と垂直にガンを発射する。この動作の繰り返しである。

溶接すべき場所（スポット）は広い範囲に分布していることが多いので、空間上の領域にガンを自由に動きまわらせることが必要である。また溶接の対象が複雑な形をしている場合には、その形に合わせてガンの発射姿勢を変える。合わせ、保ち、省く制御の独壇場である。

私たちの腕は多くの自由度をもっている。ご自分の腕で試していただきたい。まず肩をぐるぐ

図7-1　スポット溶接ロボット

写真提供／トヨタ自動車

る回したり、腕をつけたり開いたりすることができる。次に肘を前後に屈伸することができる。さらに手首をひねることができる。力学的には人間の片腕は七つの自由度がある（図7-2）。

さらに、手には五本の指があり、各指は四つの自由度を持っているので、人間の手は合計二七の自由度をもっていることになる。

これに対して産業用ロボットは、必要最小限の六自由度、すなわち六つの関節をもつものがほとんどである。人間の腕と同じような何本かのアームと、それらを結びつける関節からなる。

先端には溶接ガンのような仕事機（エンドエフェクター）がとりつけられるようになっている。人間の手のように指を備えているロボットもある。

少し不自由？

ただし運動機構の点では、ロボットは人間とは著し

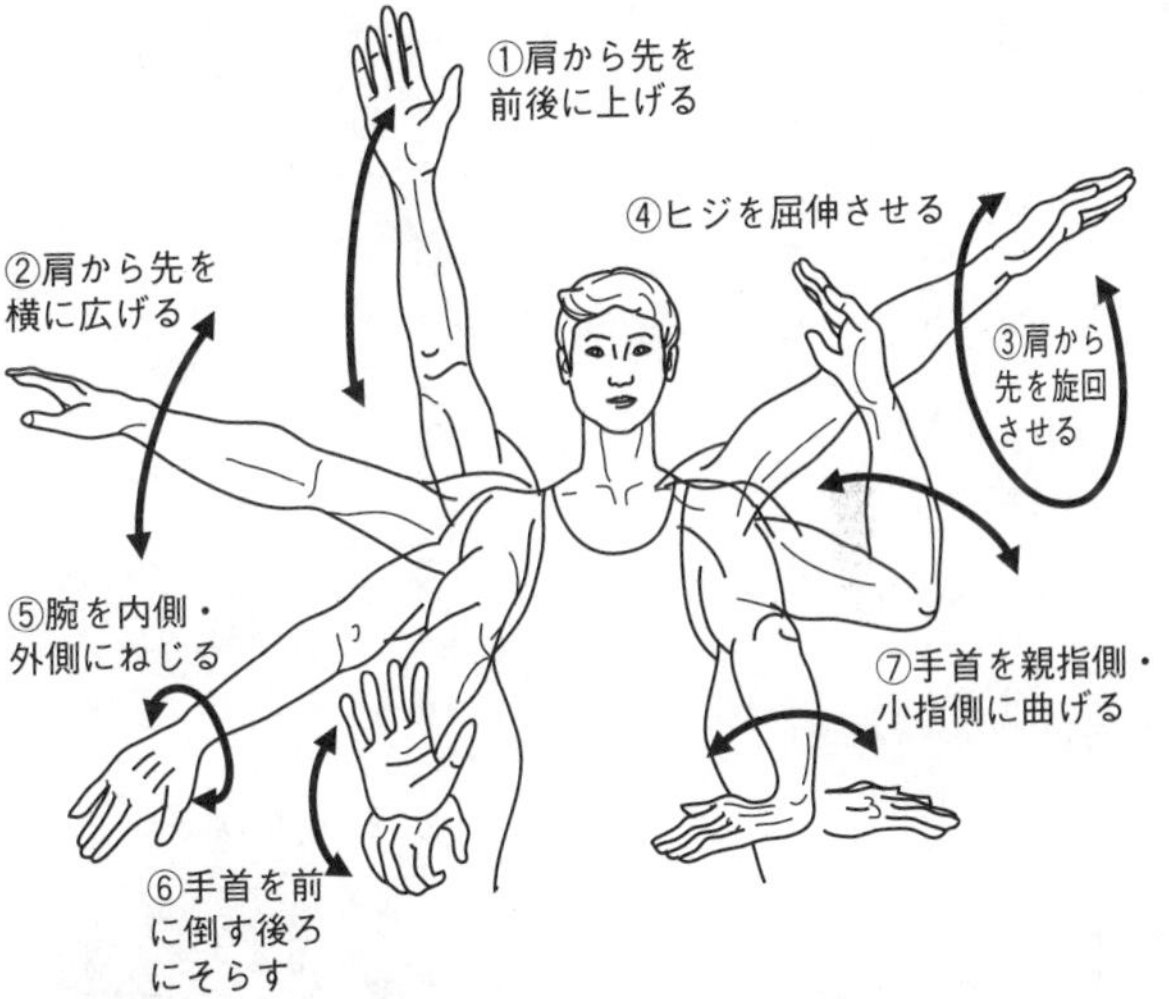

7自由度あれば、障害物を避けながら指先を思いどおりの位置にもっていける。6自由度でも、指先はどこにでも届くが、関節の角度が決まってしまうために「硬い」動きしかできない。

図7-2　ヒトの腕は7自由度

く異なる。人間の関節は筋肉の屈伸によって回転するが、ロボットの各関節はモータによって回転するようになっている。

私たちは自分の腕を自由自在、いとも簡単に動かすことができる。しかし、腕の先端に溶接ガンのような重いエンドエフェクターを抱えたロボットを、自由自在に動かすのはそれほど容易ではない。第4章の実験で見たとおりである。

スポット溶接の場合、まず溶接すべきすべての点と、その点での必要な姿勢を決め、それをロボットに伝えなければならない。実際には、ロボットにあらかじめその動作をさせ、記憶装置に憶えさせる「教示」という方法をとることが多い。

これは面倒な仕事である。ロボットに仕事の手順、具体的にはロボットが動く空間上の位置と姿勢の系列を覚えさせ、それにしたがって、ロボットの関節をモータによって所定の量だけ回転させる。「合わせる制御」の典型的な例である。

スポット溶接でいえば、ロボットの性能は、スポットからスポットへどれだけ速く移動できるか、各スポットでのエンドエフェクターの位置と姿勢がどれほど正確であるかにかかっている。スポットからスポットへの移動は、第5章でハードディスクドライブの制御について述べたときの探索モードと似ている（130ページ参照）。ハードディスクの場合、動かすものは軽い磁気ヘッドだったが、スポット溶接では重いエンドエフェクターである。制御のよしあしが性能、すなわちロボットの仕事の能率に直接響く。

見ることのできるロボット

溶接以外にも、ロボットはいろいろな仕事をする。たとえば有害な物質を使う塗装も、ロボットの活躍場所である。部品をパレットから取り上げ、ラインを移動してくる製品の所定の場所にはめたり据え付けたりする組立作業にも、ロボットは進出している。

組み立てロボットは、部品を決められた位置に正確に運ぶ精度だけでなく、相手の位置が何かのはずみで少しずれても、それを許容して組み立てをやってのける融通性が要求される。そこで、視覚センサーをつけて「見ながら」作業できるロボットが増えつつある。

視覚センサーは、光を電気に変える光電素子を、人間の網膜のように並べたカメラが使われることが多い。最近では一画素ごとに処理ができる超並列型のセンサー（ビジョンチップ）が開発され、処理に時間がかかるという、画像情報の基本的なボトルネックは解消されつつある。

視覚情報は、それまでの計測情報と比べて情報量の大きさという点で質的な違いがある。視覚情報にもとづくフィードバックは、これまでにない新しい理論の枠組みを制御の世界にもたらすものとして、その将来の発展が期待されている。

たくさんの感覚を持つロボット

視覚とならんで触覚も重要である。人間の手は、豆腐をつかむこともハサミをもつこともできる。対象の柔らかさに応じて、つかむ力を加減することができるからである。ロボットがものをつかむとき、つかんだものがどれくらいの力を受けているかを測ることができれば、柔らかいものを壊さないでつかむことができる。このようなセンサーを触覚センサーとよぶ。

こうして最近のセンサー技術の発展により、視覚や触覚さらには聴覚など、ロボットは人間と同じようにさまざまの感覚能力を備えることができるようになった。

センサーだけでなく、腕の関節を動かすアクチュエータも進歩しつつある。もちろんセンサーやアクチュエータの性能とならんで、それらを結ぶ制御のアルゴリズムが、性能の死命を制していることは言うまでもない。

ロボットは、その機構すなわちメカこそ機械工学に負うところが大きいが、センサーやアクチュエータは電気工学が生み出したものである。その意味で機械工学と電気工学という工学の二大分野が協力して生まれた製品である。

機械工学と電気工学の融合は、ロボットに限らず、他のさまざまの製品にも見ることができる。こうして生まれた新しい分野を、機械工学のメカニカルと電気工学のエレクトロニクスの融合という意味でメカトロニクスとよぶ。ロボットはメカトロニクスの代表的な産物である。メカトロニクスで機械工学と電気工学の橋わたしをするのが制御工学である。

ロボットは進化する

二〇年ほど前、ある自動車工場を見学したとき、強く印象に残った光景がある。後部座席を車体に取り付ける作業である。

コンベアをゆっくりと流れてくる車体の客室に、重い座席を抱えた作業員が身体を屈めて入り込み、それを客室の後部に押し込む。それができると外に出て元の位置に小走りに戻り、再び同じ動作を繰り返す。ずいぶん辛い仕事だなと思い、作業者に同情を禁じ得なかった。

ところが最近、別の工場を見学して、この作業がずいぶん楽になったことを知った。座席を持ち上げるとき、ロボットが手伝ってくれるからである。作業者は力を出す必要はない。振れを防

図7-3　ヒトとロボットの協同作業

写真提供／トヨタ自動車

ぐために軽く腕を貸し、所定の位置まで導けば、あとは据え付けのために床上を押すとき少し力を加えるだけでよい（図7-3）。

これは人間とロボットの協調動作の一例である。この場合はロボットといっても汎用の産業用ロボットではなく、この目的のために特別に作られた装置である。しかし人間の動きを感知し、それを認識しながら人間を助けるという点では、ロボットの職務を実行しており、技術的にもロボットの延長上にある。

このようにロボットにすべて任せるのではなく、人間が頭脳、ロボットが力をそれぞれ分担し、協同して仕事をするのがロボット開発の流れの一つとなっている。その考え方の延長上にマスター／スレーブ方式がある。マスターは主人、スレーブは奴隷である。

この方式は、操作者である人間がマスターとして操作し、その動きがスレーブであるロボットに伝達され、ロボットはマスターの動きにしたがって仕事をする。原子力発電所、海底、災害の現場など人間が近づくことが困難な場所には、マスター／スレーブ方式が都合がよい。

ロボット学では、マスター／スレーブ方式によるロボットの操作を、テレオペレーションとよんでいる。制御から見ればマスター／スレーブ方式とはサーボ機構そのものである。

作業を指令するマスター側に、実際の作業を行っているスレーブがうける反力を伝えることができれば、操作している人間は、作業の実際の進行状況に対する理解を深め、作業をスムースに運ぶことができる。

マスターはスレーブへ仕事の指示を与え、スレーブはマスターに環境から受ける力覚を伝える方式を、双方向遠隔操作とよび、テレロボティックス（ロボットの遠隔操作技術）の主流となりつつある。

インターネットは感覚も伝える

インターネットの発展によって、テレロボティックスは新しい局面を迎えつつある。これまでのテレロボティックスは、マスターとスレーブが専用の通信線でつながっていた。通信線がつながっていない所では、マスター／スレーブの関係を実現することはできない。

しかし、通信線にインターネットを使うことができれば、状況は一変する。インターネットをつうじて、端末をもつ世界中の誰とでもマスター／スレーブの関係をむすぶことができる。必要なら一つのマスターが何百、何千というスレーブを同時に操作することができる。

こうしてインターネットは制御に新しい可能性をもたらした。すでに在宅治療など医療や介護の分野で、インターネットによるテレロボティックスは実用化の道を歩んでいる。

インターネットの情報媒体は、はじめは文字や数字だった。やがて音声や画像が送れるようになり、用途は飛躍的に広がった。これにテレロボティックスが加わると、触覚、力覚などのより奥まった感覚が行き交うようになり、同時に、制御の結果生じるさまざまの物理量もいっしょに伝送再現されることになる。

インターネットをつうじて、人々は知識や趣味を交換しあうだけでなく、感覚や知覚、技能など、一段と深いレベルの機能を交換することができるようになるのである。インターネットによる距離の克服は、さらに新しい局面に入りつつあるといえよう。

海をへだてた綱引き

これに関連する興味深い催物の話がある。一九八八年七月に開かれた青函トンネルの完成を祝う青函博（青森市と函館市が開催）で行われた、北海道と青森の綱引き対抗戦である。

といっても、津軽海峡に綱を渡したのではない。函館チームは函館市で、青森チームは青森市で、別々の綱を引く（次ページ図7－4）。

函館チームと青森チーム、それぞれが「綱引き練習機」で引く力を測定し、光ファイバーで即時に伝え合って競った。写真は函館会場。綱には青森会場で引く力がリアルタイムで伝わってくる。

図7-4　津軽海峡を挟んだ綱引き

『青函博・函館EXPO'88公式記録』より

別々の綱で、どうすれば綱引きが成立するだろうか？　何らかの方法で、両方のチームが引く力を、それぞれ相手側の綱に伝えればよい。それぞれの綱引きサイトで、引く力を計測し、それと同じ力を相手側の綱に発生させ、相手チームの出す力と競い合わせる。

　この綱引きが成り立つためには、引かれる力の計測、伝送、再現が瞬時に行われなければならない。当時開発がようやく軌道にのった光ファイバーが用いられ、一分間に二〇〇回のデータ交換が行われた。

　勝負を決めるには、綱に発生する力と、それによってもたらされる綱の移動量をモデルを作ってきちんと求める必要がある。それにはチームの総体重、チームが発生する床との摩擦力なども、実情に合うように考慮しなければならない。モデルの開発には東工大制御工学科の古田研究室が総力をあげて協力した。

海を越えた綱引きで行われた「力覚の伝達」は、その後のテレロボティックスと人工現実感の研究を先取りした、素晴らしい試みであった。

ロボット同士の通信

人間とロボットだけでなく、ロボット同士の協力も必要である。二つ（二人？）のロボットが協力して一つの製品を組み立てたり運んだりすることは、いまでは珍しいことではない。この場合、それぞれのロボットの制御系が情報をやりとりし、お互いに協調することが必要となる。二つだけでなく、たくさんのロボットが仕事を分担し、お互いに協調しあって複雑で大規模な仕事をすることも、将来は考えられよう。

制御は一つ（一人？）のロボットの制御だけでなく、ロボット組織の制御にもかかわっていく必要があろう。本当の意味での無人工場の実現のためには避けて通れない課題である。

最近のもの作りの特徴は「多種少量生産」である。ユーザーの好みが多様化して、多様な品揃えをしなければならなくなった。その分、一つの製品の生産量が減ってきているのである。

製品を変えるたびに、生産ラインの構成や配置を変えなければならないとすれば、コストや時間がかかることになる。しかしラインに配置された機械がたくさんのことをやってのける能力をもてば、ラインの変更は少なくてすむ。機械を取り替えないで、やらせる仕事だけを変えればよいからである。

いろいろな仕事をこなせるロボットのような多能機械は、多種少量生産に向いている。むしろ多能性こそがロボットの真骨頂である。一つのことしかできないロボットはロボットではないのである。その意味でも、もの作りの現場ではロボットにますます期待が集まっている。

しかしロボットが多くの能力をもつとしても、その長所を生産に生かすことはまた別の問題である。ロボットを周辺の装置やラインの環境に融合させるシステム技術が必要である。そうでなければ、ロボットは宝の持ち腐れになりかねない。そしてこのシステム技術こそが、制御の最も得意とする技なのである。

無限に広がるロボットの用途

これからの社会では、ロボットの用途はさらに広がっていくだろう。

一〇年ほど前、筆者は某社の「ミカン収穫ロボット」の開発にかかわったことがある。このロボットはカメラを備え、近くからミカンの木の枝の写真を撮り、それを画像処理して標的となるミカンを一つ定める。あとは制御装置がアームをその標的に近づけ、近接スイッチが働いた所でアームを止め、真空ポンプでミカンを手繰り寄せ、カッターでその根元を切って、コンテナにミカンを収納するというプロセスである。

この一連のプロセスに、当時、どんなに頑張っても一五秒かかった。人間の作業よりはるかに遅いが、それでも十分に省力化になった。

ところが思わぬ落とし穴があった。ミカン畑は斜面にある場合が多く、ロボットが転倒するおそれがあると監督官庁からクレームがつけられたのである。

結局、このプロジェクトは商品としては実らなかったが、農作業はロボットの需要の宝庫であることを認識した。工場のように環境が標準化されていないので、産業用ロボットと異なり、環境の変動に耐え、場合によっては適応することのできる能力が、農業用ロボットには必要となる。

建設作業にロボットを使おうとする試みも多い。たとえばコンクリートの床や壁の仕上げや吹きつけ塗装など、人間が避けたい作業はロボットに任せる。原子力発電所の保守、検査、部品交換などの作業は、マジックハンドで遠隔操作されたロボットの仕事として、すでに実用化されている。火事や地震のような災害時に、人間が入ることのできない場所で救助活動を行うロボットの研究も行われている。最近注目されているものに、地雷を発見、除去するロボットがある。

香港の大学で、ビルの窓をみがくロボットを見たが、高層ビルの林立する香港ならではの開発テーマであろう。このロボットは、窓ガラスに吸盤で吸い付きながら移動し、カメラで窓枠を見ながらアームの移動プログラムを自分で作り、ガラスをみがく。

また宇宙空間でステーションを組み立てたり、月面で仕事をしたりする宇宙ロボットも精力的に研究されている。

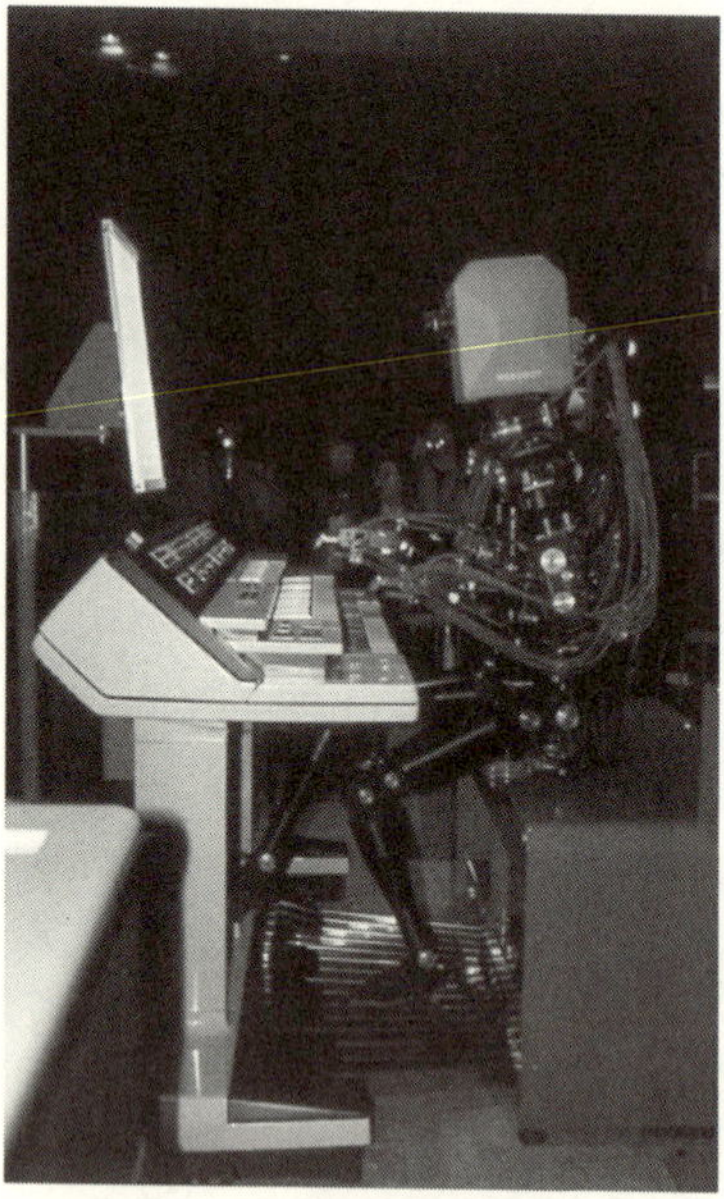

図7-5　つくば科学博で人気をよんだピアノを弾くロボット

©kodansha

鉄腕アトムに託した夢

三〇年前、日本のロボット研究が本格的にスタートした頃、新進気鋭のロボット研究者たちの夢は「鉄腕アトムを作ること」であった。

いうまでもなく、鉄腕アトムは手塚治虫の漫画の主人公のロボットである。正義感が強く、超能力を持ちながら涙もろい少年ロボットのアトムは、筆者が少年時代を送った一九五〇年代後半から六〇年代にかけてのヒーローの一人だった。アトムとその「育ての親」お茶の水博士の絶妙のコンビは、当時、少年たちを理系志望に駆り立てたものである。

ところが実際に世の中にあらわれ、人々に使われたのは、第4章で述べた産業用ロボットで、鉄腕アトムとは似ても似つかぬ無機質で巨大な腕だった。アトムのように人間の心を理解するどころか、十分に注意して接しなければ、打ち殺されかねない危険な存在ですらあった。

もちろん、ロボット学者はこのような産業用ロボットに満足していたわけではなく、アトムを実現するにはどうしたらよいかを真剣に考えていた。一九八五年に開かれた「つくば科学博」で、早稲田大学加藤研究室で作られた、楽譜を読みながら一〇本の指でピアノを弾くロボット（図7-5）を見たときは感激し、アトムの出現もそんなに遠くないのでは、とさえ思ったものである。

しかし実際には、産業用ロボットと鉄腕アトムの間には、気の遠くなるほどの距離がある。その距離を埋めるためには、少なくとも次の二つの問題を解決しなければならない。

一つは、人間の世界を理解し、判断することのできる認識能力と知能を身につけること、もう一つは、人間のように、しなやかですばやい、しかも自在な動きをする機構を作り出すことである。人間でいえば前者は頭脳であり、後者は身体である。

前者は視覚や聴覚などをとおして外界の情報を得、それを分析して意味を理解し、行動を決める能力の開発である。情報にもとづいて行動するという点で、これはフィードバック制御と同じだが、意味を理解するという部分がむずかしい課題である。

この部分にかかわって生まれた学問が人工知能であった。

模索期の人工知能研究

人工知能の研究は一時期大流行した。人間の知能に置き換わる人工の知能が、すぐにでもできるような幻想をばらまく研究者もたくさんいた。国も企業も巨額の研究費をこの分野につぎ込んだ。研究費を政府に支出させるため「日本がこの分野でリードしている」と騒ぎ立てたアメリカの学者もいた。

しかし現在、この分野の研究は鳴りをひそめている。ロボット学者たちは、この方向の研究にはいまのところ冷淡である。人工知能の研究に注ぎ込まれた膨大な国のお金は、どこへ消えてしまったのか。いま、人工知能の研究は新しい突破口をもとめて模索の時期にある。

一方の「身体」の研究は着実な進歩を続けてきた。歩行や把持などの基本的なメカニズムの理論と機器の開発に地道な研究が続けられてきた。

一九九六年の夏の夜、NHKテレビの番組でホンダの二足歩行ロボットP2が紹介されたときの驚きは大きかった。翌日、ある企業の技術研修会で顔を合わせた日本のロボット学の大家が、「大学のロボット研究者はカブトを脱がなければならない」と興奮気味に語っていたのを思い出す。実際、P2ロボットの動きは素晴らしかった。平地の歩行から階段の昇降へスムースに移行することができたし、きびすを返して反転することも容易にできた。そしてその動き方は、人間にたいへんよく似ていたのである。

ヒューマノイドロボットの役割

一方、壁にぶつかっていたアメリカの「知能ロボット」の研究者たちは、ヒューマノイドロボット(ヒト型ロボット)に研究の力点をシフトしていた。環境の意味を理解するなどという大そ

「ロボカップ2002福岡・釜山」（2002年6月19日）でペナルティーキックの模擬演技を披露した、ホンダのロボットASIMO。

図７－６　ヒューマノイドロボット

©KYODO

れた望みをもつ前に、とりあえずロボットのハードウエア、ソフトウエアに関して、現在までに得られた知識を総合して、何ができるかを極限まで追求してみようとする発想である。

ただし、彼らが発想したヒューマノイドロボットは、首から上しかないロボットで、移動や運動はほとんど考慮されていなかった。

一方、わが国で追求されたヒューマノイドロボットは、二本の足と二本の腕を備えた、文字どおりヒト型のロボットだった。その成果の頂点が、先に述べたホンダのロボットＰ２であり、それに続くソニーのＡＩＢＯでありＳＤＲである。ホンダは二〇〇一年秋に、次世代のヒューマノイドロボットＡＳＩＭＯ（図７－６）を発表している。富士通も小さな実験用のヒューマノイドロボットを販売している。

わが国がヒューマノイドロボットで再び世界

をリードする立場に立てたのは、一九六〇年代後半から着々と積み上げられた実験的な生物力学の研究の層の厚さと、メカトロニクスのような要素技術に対する伝統的な強さの賜物である。そして高度の制御理論と技術が、その支えとなったことはいうまでもない。

ヒューマノイドロボットの市場は、本当の意味ではまだ存在していない。家事を手伝うロボットがあれば便利だろうが、料理、後片付け、掃除などのこまごまとした家事をやってのけるロボットは、現在のヒューマノイドロボットの制御性能とはまったく次元の違う、高度な制御が必要となる。たぶん人間が指令を発してロボットにやらせるマスター／スレーブ式のほうがはるかに実現性が高いが、そのような家事ロボットにどれだけのニーズがあるだろうか？

ヒューマノイドロボットの真骨頂はその人間臭さにある。人々が鉄腕アトムに魅かれたのは、アトムが超人的な能力をもっていたからではなく、人間と生の感情を分かち合い、喜び、悲しみ、そして悩むロボットだったからである。

人間と心を通わせること、そしてその心を他人に伝える橋渡しになることがヒューマノイドロボットの一番大切な役割である。その意味でペットロボットはヒューマノイドロボットの本流であろう。

ロボカップがめざすもの

スポーツは人間の熟練の完成された姿である。スポーツに習熟したロボットを作ることは、技能や熟練の機構を理解することにつながるので、ロボットの研究では一つのジャンルとなりつつある。かつて東芝は卓球ロボットを真剣に開発していた。一九九七年には、その延長上にビーチバレーをするロボットを発表している。このロボットは人間とラリーを続け、人間の言葉を聞き分け、試合の前後に対戦相手と握手することもできたそうである。

ロボコンとかロボカップなどと呼ばれるロボットのコンテストが世界中で行われるようになってから久しい。その規模も国際的なものから地方のローカルなもの、さらに一つの大学の中で行われるものなどさまざまあり、また、競い合う能力もいろいろである。中でも一番注目を浴びているのがロボットがチームを組んでサッカーの試合をするロボカップであろう。

ロボカップの「出場選手」は、現状ではヒューマノイド型ではなく、車輪のついた移動ロボットだが、ごく近い将来には二本足のヒューマノイド型になるであろう。試合場もまだ狭く、動きも素早いとはいえないが、見ておもしろい程度の技術は、すでに十分備えている。

ロボットは今後急速に技能を身につけて行くと思われる。ボールを探し出し、そこへ最短距離で近づく経路を決め、それに従って移動し、近づいたらそれを敵のゴールかあるいは味方のプレーヤーに送る。これらの技能はほとんどすべてが、何かの形で制御技術とかかわっている。ロボカップの発案者の一人である大阪大学の浅田教授は、五〇年後にはワールドカップの優勝チームを負かすことのできるロボットのサッカーチームを作りたいと言っておられるが、大いに期待したい。

ある自動車工場を見学した折、二〇台ほどの産業用ロボットがスポット溶接に従事している一角があった。人はいない。ロボットが思い思いにアームを動かし、あちこちで溶接の火花を上げ、活気に満ちた仕事場である。その律動的な、そして緊張感に満ちた情景は、まるで個々のロボットが意思をもって仕事に励んでいるような錯覚にとらわれ、奇妙な感覚を味わった。

ヒューマノイドロボットの場合は、それが精巧にできていればいるほど、そのような錯覚に陥りやすい。しかしロボットに頼りすぎたり、過度の期待をもつと、ロボットとの「共生」は危くなる。まだ早すぎる心配かも知れないが、ヒューマノイドロボットの開発者が心にとめておくべきことと思う。

第8章

広がる制御のフロンティア

第8章 広がる制御のフロンティア

二一世紀の世界では制御への期待がますます増すであろう。技術だけでなく経済、生物、環境などの分野へ制御のフロンティアは果てしなく広がる。

制御と深くかかわる通信

制御の黎明期には、制御と通信には深い関係があった。「フィードバック」という言葉は、七〇年前にベル研究所の通信工学者が使いはじめたことは第1章に述べたが、この事実は、制御理論の出自が通信と深くかかわっていることを示している。初期のサーボ機構の目的の一つは、角度や位置を遠隔地に伝えることだった。かつてソ連でもっとも権威ある自動制御の学術雑誌は『オートメーションと遠隔伝送』であった。

しかしその後、制御と通信は別々の道を歩むことになり、それぞれ異なった学問領域として発展し、両者の接点はわずかなものとなった。

実際の制御では、制御対象と制御装置が、何十メートルも離れて置かれている場合もめずらしくなく、制御信号の伝達、すなわち通信が重要なポイントとなることがしばしばある。しかしそのような場合でも、通信の問題は制御とは切り離して考えるのが普通であった。

制御の側では、通信は遅れなしに理想的に行われる、すなわち通信路容量は無限大であるとして設計する。一方、通信路はなるべく遅れを少なくするように設計する。このように、両方の問題を分けて考える方が楽だからである。

しかしネットワークロボティックスのように、インターネットを制御のための信号を伝える媒体として使おうとすると、話はまったく別になる。ネットワークの込み具合による信号の遅れが無視できないだけでなく、どれだけ遅れるかを予測できないという問題が生じる。この場合は、制御の性能は伝送の手順（プロトコル）や通信路容量にも依存するので、それらも制御の一部分として組み込まれなければならない。

こうして、制御と通信は再び結びつくことになる。

インターネットで制御する

インターネットを使って、本当に制御ができるのだろうか？

熊本大学の汐月教授は、熊本大学と九州大学（福岡）の間の公衆回線によるデータ伝送の遅れ時間を測定した。熊本大学のマシンから一〇秒ごとに八ビットの一定文字列を九州大学に送信し、それが九州大学のマシンを経由して戻って来るまでの時間を計った。その結果は四・五ミリ秒から一〇〇ミリ秒まで広い範囲に分布していた。

このような通信路を使う制御がどこまでの性能を発揮できるか、魅力的な研究課題である。

このような問題が生じるのは、インターネットだけとは限らない。最近は、たくさんの制御装置を共通の線で結び、標準化された信号形式と伝送手順（プロトコル）を用いて、その間の通信を行えば、各地に分散した制御システムを統一したやり方で管理し、それによって新設や保守を効率的に行うことができるようになっている。

このような考えのもとで、コントロールエリアネットワークやフィールドバスなどとよばれる、さまざまの制御用のデータ通信方式が実用化されつつある。

また現在、国のプロジェクトとして進められている知的交通システム（ＩＴＳ）では、たとえば管制センターから高速道路を走っている自動車に、いっせいに制御信号を送るような必要性が生じる。このような場合、通信容量によっては、無視できない遅れとその変動を避けられない。制御理論の重要なテーマである。

通信を制御する

ネットワークを用いたとき、制御の性能をどこまで保証するかは、将来の大きな課題だが、それと並んで重要な問題が、通信の制御である。移動通信の際には、音声が歪むことがある。これを減らす等価方式の構成など、すでに制御理論が貢献しているテーマもある。

道路網を最大限に利用して渋滞を緩和する交通流の制御は、すでに信号機の信号間隔制御などとして実用化されているが、同じ問題がネットワークや無線通信では、はるかに大きな規模で存在する。無線通信が盛んになるにつれ、画像など大量情報を高速で伝送する要求は強くなる一方である。その場合、無線だったら一つしかない空間を分け合わなければならない。いずれ空間は電波で満ち、無線の移動通信は容量の逼迫に悩むことになろう。通信の相互干渉や渋滞を避けるための方策を考える制御の出番は近い。

究極のエネルギー源

核融合は「究極のエネルギー源」とよばれている。その理由はいくつかあるが、一つは太陽が核融合によってそのエネルギーを得ているからである。

地球での私たちのエネルギー源は、その大部分を太陽に負っている。同じやり方、つまり核融合でエネルギーを取り出すことができれば、人間は太陽を地球上に人工的に作ったことになる。これが核融合を「究極のエネルギー源」とよぶ最大の理由である。

また、核融合の燃料となる重水素は海の中に無尽蔵にある。つまり燃料が枯渇するおそれがまったくない。これが核融合を「究極のエネルギー源」とよぶ第二の理由である。

原子力発電所は、安全性の問題とならんで核廃棄物の処理に苦労しており、将来の発展が危ぶまれている。それに比べて核融合は、クリーンなエネルギー発生方法である。もちろん核融合炉は放射性物質を扱うので、炉に寿命がきたときはその処理が問題になるし、いつも大量の中性子を発生するので、それが外部に漏れないようにしなければならない。それでも環境への負担は火力や原子力と比較にならないほど小さい。これが核融合を「究極のエネルギー源」とよぶ第三の理由である。

核融合の研究は一つの国でやるにはお金がかかりすぎるので、日本、ヨーロッパ、ロシアが協力して開発を進めている。今年は商用炉の一歩手前の実験炉が、参加国の協力で世界のどこかに作られることになっている。わが国も実験炉を誘致している。

この共同研究計画では核融合発電の実用化は二〇五〇年が目処《めど》なので、今、研究している人のほとんどは、生きているうちに実用化を見ることができないだろう。核融合は一〇〇パーセント未来志向の壮大な計画なのである。

核融合の制御

核融合は、文字どおり二つの原子核を融合させて新しい原子を作ることである。

電子をはぎとった原子核同士が高速で衝突すると、新しい原子核ができるが、そのとき高いエネルギーをもつ中性子が発生する。この中性子のエネルギーを発電に利用しようというのが核融合発電の基本的な考え方である。

「燃料」となる原子核として考えられているのは、水素に陽子が一つ余分についた重水素と、二つ余分についた三重水素である。燃料が広い場所に散らばっていると、核融合反応を引き起こすための核同士の衝突が起こりにくい。そこで、それらの原子核を狭い空間に閉じ込め、密度を高くし、高いエネルギーを与えることが必要になる。

このように、あらかじめ燃料に大きなエネルギーを与えなければならないことが、核融合の泣き所の一つである。核融合の結果取り出せるエネルギーは、あらかじめ与えたエネルギーよりも

図8-1　核融合実験炉JT-60のドーナツ型容器内部

写真提供／日本原子力研究所

大きくなければ意味がない。しかしこの点に関しては、わが国では日本原子力研究所がJT-60とよばれる小型の核融合炉を用いて、すでにある程度の見通しを得ている。

燃料を閉じ込める方式はいろいろ考えられているが、現在、もっとも将来性があると思われているのが、旧ソ連で開発されたトカマク方式である。

「トカマク」とはロシア語のイニシャルを組み合わせてつくられた語で、ドーナツ型のコイルを使った熱核融合炉を意味する。トカマク方式は燃料に電離した気体（プラズマ）を用い、それが磁場によって力を受けることを利用した磁気閉じ込め方式の一つである。

水平に置かれたドーナツ型容器（図8-1）の外側にコイルをまいて磁場をかけ、プラズマの運動経路を作る。また経路に垂直な磁場を変化させることによってプラズマに電流を流し、閉じ込めのための力を発生させる。
プラズマ粒子はドーナツ型の容器の中をラセン軌道を描きながらぐるぐるとまわり、その経路で核融合が生じる。

プラズマは挑戦課題の山

核融合で電力を供給できるようになるまでには、破らなければならない技術の壁がいくつもある。まず材料である。プラズマの運動を導き、それを一定の空間内に閉じ込めるには大きな磁場が必要だが、そのためのコイルを用意するのは簡単ではない。

コイルには六〇キロアンペアという途方もない電流が流れる。もしもコイルに抵抗があると、莫大なエネルギー損失が発生するので、コイルの抵抗を実効的にゼロにする超伝導状態で電流を流す必要がある。超伝導状態は時として破れることがあるので、これを予測して直ちに電流を停止または転流する装置が必要である。

このような大電流の変化に耐えることのできるコイル材料や転流装置の開発も、今後の課題である。

容器内に数億度Cのプラズマが充満し、激しく運動しているトカマク装置の実験炉では、プラズマ自身に二〇メガアンペアの大電流が流れている。もちろん高度の真空状態が保たれなければならない。容器は、このような物質の極限的状態を定常的に保つだけでなく、プラズマが何かの原因で突然消えてしまう場合（ディスラプション）を考え、そのとき生じるさまざまの過渡的な衝撃に耐えることができなければならない。材料科学にも大きな挑戦がつきつけられている。

もう一つの大きな問題は、核融合によって生じる強い放射性の中性子である。核融合の場合は原子力発電所で発生する中性子に比べて、その数も強さも数倍にのぼるといわれている。

中性子はその名のとおり電気的には中性なので、磁場によって閉じ込めることができない。したがって炉のまわりの壁でそれを受け止めなければならない。そこで中性子に対する耐性の強い材料の開発がもとめられている。

この他にも、核融合を実用化する上で解決しなければならない技術的課題は山ほどある。核融合は未来技術のベンチマークともいえるが、プラズマを容器に閉じ込める制御も、その開発課題の重要な一翼をになっている。

極限の「保つ制御」

ようやく核融合の制御を語る場面がきた。

次ページ図8－2は、トカマク炉のプラズマ形状を流路の断面を切り出して示したものである。個々のプラズマ粒子は複雑な軌道を描くが、それらをこのような断面形状に保つのは、ドーナツ状の容器に沿って付設されたコイル（ポロイダルコイル）の発生する磁場である。

コイルは一二本あり（黒い四角で示されている）、そこに流す電流を操作してプラズマ流の形

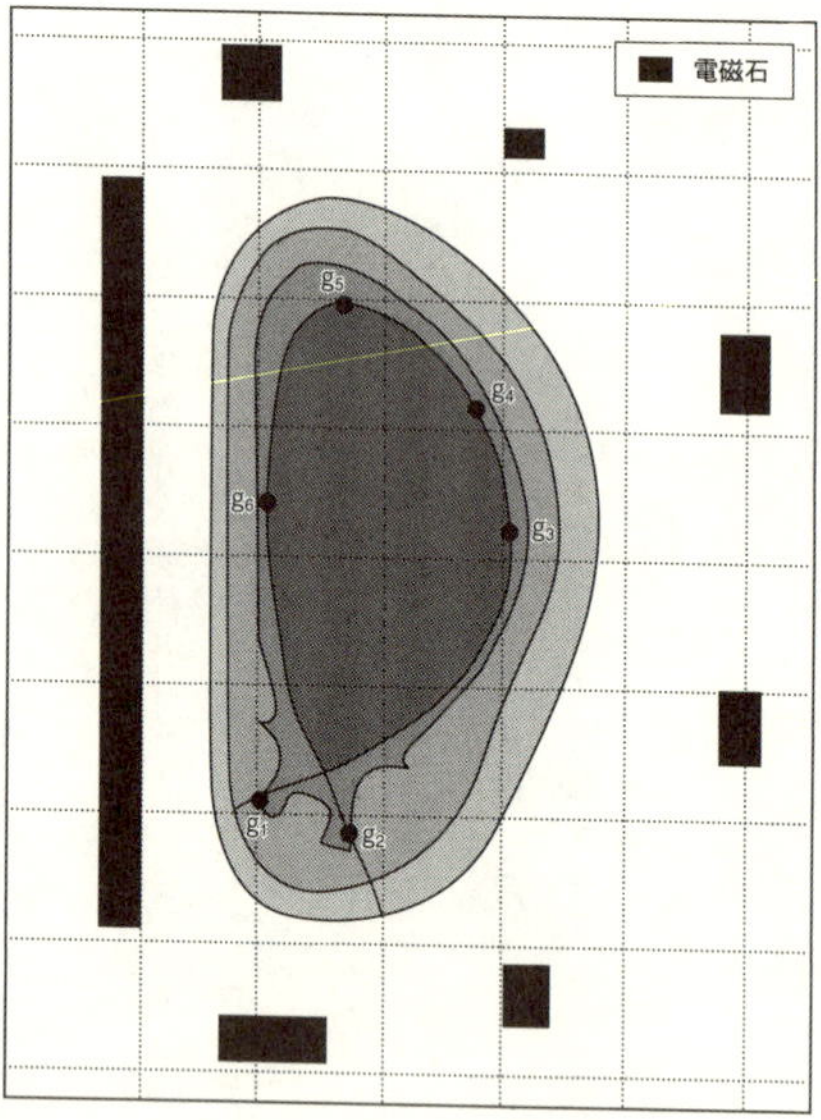

図8−2　プラズマ形状

状を制御する。具体的には図8−2の点g_1からg_6で示した六ヵ所の、壁とプラズマ境界との距離およびプラズマ流の重心の水平、垂直方向の位置を制御している。

　フィードバックとして用いる情報は、コイルと平行して設置されている五六本のセンサーコイルから得られる。このコイルに励起される起電力から、プラズマの運動を含めた形状が推定されるのである。推定される形状や位置が望ましいものからずれたとき、コイルがプラズマに作用する磁場を変えて修正する。フィードバックによる「保つ制御」の典型的なケースである。

　プラズマはきわめて複雑な振る舞いをする物質で、その挙動は物理学の知識を動員しても完全には分かっていない。制御によってプラズマの形状を自由に変えることができれば、今まで知られていなかった新しい性質が発見されることもあり得る。

核融合の制御は、自然の極限的な状態を人工的に定常化、常態化しようとする。自然の論理の奥深く分け入り、自然の論理を別の自然の論理を介入させることによって変えていこうとする試みである。制御のもっとも制御らしい側面があらわれているともいえよう。

ミクロの世界のむずかしさ

数億度C、二〇メガアンペアのプラズマの制御は、まさしく「超」の世界の制御であるが、その正反対にもう一つの「超」の世界の制御がある。メガの世界に対するミクロの世界、ナノの世界にも精妙な制御の手が届こうとしている。

ミクロ、ナノの世界は、原子や分子一つ一つの振る舞いが対象となる世界である。この世界ではマイクロメートルとナノメートルという長さの単位が使われるが、ナノメートルは一メートルの一〇億分の一で、私たちが生活しているマクロな世界とはずいぶん異なる法則に支配されている。その法則を探り、物質の究極の姿を見つけ出すことが二〇世紀の物理学の目標であった。そしてミクロ、ナノの世界の法則は量子力学として体系的にまとめられている。

化学反応は原子同士、分子同士あるいは原子と分子が結びついたり離れたりすることである。化学反応を進めるためには、化学ポテンシャルの壁を越えるのに必要なエネルギーを何らかの形で外から与えるか、あるいは触媒によってその壁を低くする必要がある。化学ポテンシャルの壁が高すぎると、その化学反応を人為的に起こすことはできない。

電子を仲立ちにして原子と原子が結びついて分子を作る。したがって電子にエネルギーを供給し、その運動状態を変えることによって、原子や分子を結びつけたり切り離したりすることができるはずである。

外部からレーザーを照射すると、電子は照射されたレーザーの周波数に依存して活性化された状態となる。そこに最初のレーザーとある特別の位相関係（この言葉の説明は省くが、光の波動としての性質をあらわすものである）をもった第二のレーザーを照射すると、電子がさらに活性化され、他の原子と結びつきやすくなったり、あるいは原子核の圏内から飛び出して結合が切れやすくなる。

このようにうまく光の場を構成できれば、その助けを借りて化学反応を進行させることができる。この場合マクロな量である化学ポテンシャルの壁は考える必要がなく、純粋に電子のエネルギー操作によって化学反応を直接制御できる。量子力学が教える、電子の波動としての性質をフルに活用する試みである。

このような化学反応の量子力学的な制御の可能性は一九八〇年代にアメリカで示され、その後実証が着実に進められており、最適な光の場を作り出すために制御理論が使われている。化学反応の量子的な制御は、量子力学で支配されるミクロな制御を行うはじめての試みとして、注目されている。

制御によって、ミクロの世界も思うがままに操ることができるのである。この分野の研究が進めば制御が「夢の分子」や「超エキゾチックな材料」を作り出すことができるかも知れない。

核融合の場合と同様、制御が物質の論理に分け入り、物質をそのもっとも奥深いレベルで操作することによって人類に新しい恩恵をもたらす一つの例である。

ゆらぎを制御する

ミクロの世界のもう一つの特徴は、物理量の測定には精度の限界があることを示す不確定性原理である。精度の限界は「ゆらぎ」という言葉で表現されているが、不確定性原理によると粒子の位置のゆらぎと運動量のゆらぎの積は、どのような測定装置を使ってもある値以下にはならない。この理由はものを測るということの本質にかかわっている。

たとえば風呂の湯加減を測るために温度計を湯に浸けたとしよう。このとき温度計は湯と同じ温度になるまで湯の熱量を奪うので、温度計を温めた分だけ湯の温度は下がるはずである。このように測るという操作は必ず測ろうとする対象を乱してしまう。

風呂の場合は浴槽の熱容量が温度計のそれに比べて大きいために、乱した影響は無視できるほど小さいから測定結果は十分信頼できる。しかしミクロの世界では、測定しようとする対象のスケールが小さいので、決して無視できないのである。運動する電子の軌道を測ろうとすれば、電子に光をあてなければならない。光子が衝突すれば電子の軌道は変わってしまう。

このように、測定によって対象を乱す度合いがミクロの世界では無視できず、それが不確定性原理という形をとってあらわれているのである。

光の制御

ゆらぎは量子力学にもとづく計算や通信を行うとき、その精度や性能を限界づけるマイナスの因子となる。この限界のもとで、なるべく精度よく物理量を測定するための方法が、いろいろ提案されてきた。

不確定性原理によると、量子化された電磁場の振幅のゆらぎと位相のゆらぎの積は一定値以下にはならないが、位相のゆらぎは大きくなっても構わないから振幅だけでも任意の精度で測定したいという場合がある。あるいは振幅と位相の立場が逆の場合もある。一種の「制御された測定」である。最近急速に研究が進んでいる、量子力学にもとづくさまざまの計測、通信、そして計算のための装置を実現するための基本的な道具立てである。

最近、筆者の研究室では量子力学的なチャネルにフィードバック制御をほどこすことによって、有効な測定を行う方法を理論的に見出した。この方法は量子力学システムに制御論を大胆に導入したものであり、量子力学的な情報処理をダイナミカルシステムとして取り扱うための枠組みを与えたものである。

分子、原子、そして素粒子の世界にも制御の手は着々と伸びつつある。制御なくして機械なしの原則はここでも生きている。

環境問題にかかわる制御

おそらくあと二〇年も経たないうちに、技術の中核部分はそのすべてが、何らかの形での環境技術として動員されるのではないだろうか？　そうしなければ人類の生存は保証されない状況に追い込まれるだろう。制御も例外ではない。

これまでも制御は環境技術に貢献してきた。たとえば都市のゴミ焼却炉である。ゴミ焼却炉の燃料は石油や石炭ではない。ゴミそのものである。紙、生ゴミ、プラスティックなど家庭の台所から回収したさまざまのゴミを燃やす。

ところが、雨が降ればゴミは濡れてしまい燃えにくくなる。ゴミは運び込まれればすぐに燃やさなければならないので、量の変動も激しい。排ガスにも厳しい規則があるため、炉の温度や排ガスの成分も一定の範囲におさえなければならない。このような大きく変わる環境と厳しい制約のもとで「燃料」をきちんと燃やしていくには、加える空気の量やゴミの投入手順をきめ細かに制御しなければならない。

かつてゴミ焼却炉は、もっともむずかしい制御対象の一つであった。しかし最近では、制御の進歩によってゴミの燃焼も安定化し、発生する熱で水を温め地域暖房に使ったり、ボイラーやタービンに熱を供給して発電する自治体のゴミ焼却炉も多くなった。

浄水場でも、天然の原水に添加する凝集剤や塩素の量や添加のタイミングを決めるのに、制御が用いられている。ビニールハウスの温度や水分を細かく制御して、その収量を上げる試みも食糧増産に貢献している。

そしてこれからは、個々の環境技術とならんで、トータルな環境マネージメントに制御が用いられよう。

環境は熱や物質を保存するので、メモリーをもつ典型的なダイナミックシステムである。それを望ましい状態に保つための環境マネージメントは、ある意味では制御そのものである。何が何に影響を与えるか、あるいは影響を受けるか、複雑な対象を支配する物質や情報が地域や社会やそして地球を循環する構造を明らかにし、目標を決めてそのための政策を立案するのは制御の得意とするところである。

何かの技術がもたらされて、環境悪化の危険が一挙に遠のくようなことが起こり得るだろうか？　私は人類の英知をかたむけ、技術の総力をあげれば、環境問題を解決することは不可能ではないと思う。そのとき制御は、さまざまな技術を束ねる頼もしいオーガナイザーの役割を演じていることを期待したい。

経済を制御する

第2章で触れたように、アダム・スミスは需要と供給の間に働くフィードバックを市場の基本メカニズムと考え、それを「見えざる手」とよんだ。この場合のフィードバックはいわば自然に存在するものであり、だからこそアダム・スミスは自由放任主義を唱える古典派経済学の祖となった。

フィードバックには、自然に存在するものと、制御のために「外づけ」するものの二つあることを、同じく第2章で述べた。経済システムにおける「外づけ」のフィードバックは経済政策である。古典派経済学に代わるケインズ経済学は、需要曲線や供給曲線（74ページ図2-6参照）を金融政策や財政政策で変えることを主張している。まさに外づけのフィードバックである。

ただし、ケインズ派の経済学者の中に、フィードバック制御としての経済政策を考えた人は、おそらくいないだろう。もちろん、一国の経済システムは工場の機器や装置とは比較にならないほど複雑で、歴史的な要因や政治的な変動など定量化しにくい要素も多い。しかし敢えて割り切ることによって、経済政策を新しい視点から考えることができるのではないだろうか？

経済政策を制御として考えることは、一国の経済システムをダイナミックスとして捉えることを意味する。第3章で、ダイナミックスは物質やエネルギーや情報を貯えることから発生すると述べたが、財貨を「ストック」として捉える経済学は、まさしくダイナミックスを相手とする学問である。

にもかかわらず経済成長論や景気循環論など一部の分野を除いて、経済現象をダイナミックスとして捉える観方は、経済学では主流とは思えない。学部上級用の経済学の教科書にもダイナミックスが登場する場面は少なく、ほとんどが図2-6のようなスタティックな関係の記述に終始している。入門からダイナミックスを教えている制御工学とは、ずいぶん開きがある。

長い不況に悩むわが国では、経済学者の処方箋がすでに効力を失ったといわれている。ダイナミックスとして経済現象を捉え、制御として経済政策を考えることによって、経済を再生する新しい方策が生まれるのではないだろうか？

細胞を制御する

ヒトゲノム計画は、ついに人間の長大な遺伝子のDNA配列を読み取った。これは生物学の世紀である二一世紀のスタートを飾る快挙である。しかしこれで生命の謎が解けたわけではない。そこへ至る道はまだまだ遠い。

最初の難関は、何万もある遺伝子がある細胞では発現し、他の細胞では発現しないメカニズムを明らかにすることである。

すべての細胞は、タンパク質合成のための膨大な設計図の同じセットを持っている。ところが、細胞によってそのセットのうちで使う設計図が違う。その違いによって神経細胞が生まれたり、筋肉細胞ができたりする。その区分けの仕方が分かれば、発生という難問に解答が出る。

遺伝子発現の制御は、細胞が分裂を繰り返す「細胞周期」の制御と密接に関連している。細胞周期をつかさどるさまざまなタンパク質の、細胞内での濃度や活性の変化が、細胞分裂の引き金になったり障害となったりする。

これらは明らかに「保つ制御」であり、「合わせる制御」である。そこで、これらの現象を制御の立場から統一的に解釈する試みが、一部の分子生物学者のグループによって、数年前から活発になされている。

たしかに、遺伝子の二重ラセン構造をみつけて以来の分子生物学の発展は目覚ましいものがあって、生命現象のメカニズムの素材となる物質を分子レベルで明らかにしてきた。何千、何万というタンパク質、酵素、核酸やカルシウム、リン、ナトリウムなどの生体物質の相互関連とその機能の膨大かつ詳細な「地図」は、すでに分厚い教科書として我々の前にある。ただし、そこにはハードウエアの記述しかない。次にやるべきことは、それらの「ハードウエア」の連関を、定量的な「ソフトウエア」の連関に解釈しなおし、より構造化された生命現象の表現として整理しなおすことである。

目的によって駆動されるという点では、生命も制御も同じなので、新しい定量的な「システムとしての生物学」を確立するために制御は、有力な武器になるであろう。

脳は知っている

人間も物理系、力学系として見ればロボットと同じである。ただし、関節角の操作に、直接コントロールできるモータを使えるロボットに比べ、人間は筋肉という柔らかい物質を使う分、その制御はさらに微妙となる。ロボットが人間なみの動きをしているとすれば、人間も「ロボットなみ」の動きをしているのである。では人間はこれだけの計算を一体どこでどのようにやっているのであろうか？　これは脳研究の根本問題の一つであり長い間の謎であった。

しかし最近、ようやくこの問題に一つの突破口が得られようとしている。ＡＴＲの川人らのグループは、脳の運動制御の一つの基本形式を仮説として提出し、その形式のもとでロボットが人間に近い動作が実現できることを示した。

この研究は、脳が外界と自分自身のダイナミックなモデルを獲得することを主張しており、現代制御理論と同じように、脳の行動制御がモデルベーストであることを仮説として提示している。この仮説は、制御工学者にとってはたいへん魅力的である。制御理論が脳の行動制御を解明する手掛かりになるからである。そして現在、部分的ではあるが、そのことが生理学的にも実証されつつある。

脳が外界のモデルを獲得することを、脳による記憶の基本的な形式として捉えたのは、わが国の脳研究のパイオニアであり、脳生理学の世界的な権威でもある伊藤正男（理研）である。一九六〇年代後半に出版された伊藤の著書に、すでにこのことがはっきり明記されている。すばらしい洞察といえよう。

脳の行動制御についての研究は、わが国が主導権をにぎっている分野である。これまでの上肢の運動からさらに進んで、歩行、跳躍など下肢の運動の制御工学的な解明で、引き続き研究をリードして行くことが期待される。制御工学にとって魅力的で、しかも人間への理解を深める意義の深い研究分野である。

「かしこい制御」をもとめて

人間の行動制御のように、柔軟で正確でしかも速い制御を実現するには、必ずしも人間のやり方をまねる必要はない。工学的なアプローチがいくらでも可能なはずである。こうしてクローズアップされてきたのが知的制御（Intelligent Control）である。

制御のアルゴリズムを知能化することであるが、知能化ということの意味が必ずしもはっきりしていないまま、言葉だけが先行してきたきらいはある。知能が学問的にどのように定義されているか私は知らないが、制御の文脈では、知能とは「不確かさに対処する能力」である。制御の場合不確かさとは、対象に関する情報が完全でないことから起こる。

世の中には情報が溢れている。しかし本当に役に立つ情報を得るのはそんなに簡単ではない。制御でも同様である。すでに述べたように、対象に関する情報を集約しているのはモデルであるが、モデルを作ることはむずかしい。ロバスト制御がこの隘路《あいろ》を解決したことはすでに述べたが、(90ページ参照)、今後、統合によって巨大な規模になった対象や、環境系のように不確かさの度合いがこれまでとは比較にならないほど大きな対象に立ち向かうには、ロバスト制御では不十分であろう。

人間は経験することによってレベルが向上する。制御も同じである。学習を制御に積極的に取

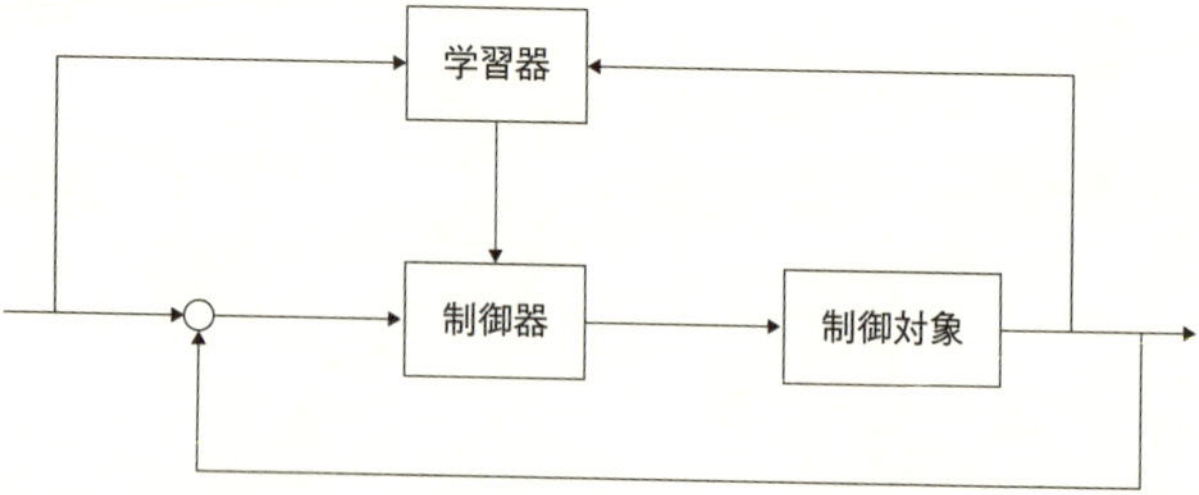

図8－3　「学習」を取り入れた適応制御

り入れ、学習によって、不完全な情報をできるだけ完全にすることが、制御の知能化に通じる自然な道だ。学習を制御と結びつけることによって、制御に必要な情報をむだなく獲得することができる。

では、制御の文脈での学習とは何であろうか？

それは、過去の制御の経験にもとづいて制御のやり方を変えて行くことである。これも一種のフィードバックだが、より大きなタイムスケールでより上位の制御である（図8－3）。制御理論では「適応制御」の分野でこのような制御が精力的に研究されており、今後さらに応用が進むと考えられる。

人間の生活は学習の連続

人間の学習は、日常生活の行動テンポよりもはるかにゆっくり進行する。私たちが学習によって行動を変えるのは、何度も失敗したあとになることが多い。その代わり私たちの行動は、いつも学習に向かって開いている。もの作りに即して言えば、日々の操業を常に学習にフィードバックすることである。そのような学習の仕組みを作ることによって、制御は新しい状況に対処することが可能になる。

人間の生涯は学習の連続である、という言葉は私たちの世代が受けてきた教育のベースにある。それをもの作りの制御に適用すると、操業をすべて学習に向けて開け、というポリシーになる。操業を学習のための経験とみなすのである。現在の計算機のパワーをもってすれば、少なくともデータ処理の容量という点ではそれほど困難ではないだろう。具体的な学習のアルゴリズムを開発することは今後の課題である。

制御は論理で実世界を動かす行為であるとすれば、学習は実世界でのできごとを論理に投影することである。学習と制御は、実世界を論理によって回すための車の両輪である。両者を協調させることによって、論理と実世界のループができる。この意味でも学習は制御にとって欠かすことのできない相棒である。

学習と制御はお互いに相補性がある。制御は、制御器というシステムが制御対象から発生する信号を操作する。学習はその逆に、制御の結果を示すさまざまの信号が制御器というシステムを動かす。システムと信号という制御の二大要素からみると、制御と学習はお互いに相補的（双対的と言ってもよい）である。この意味でも、制御と学習はある意味で不可分の関係にある。

広がる制御のフロンティア

もの作りの分野では、ますます厳しくなる状況のもとで、制御は一層飛躍しなければならない。企業間の製品開発競争が激しくなっていく中で、制御がコスト削減と品質向上の最後の受け皿になることはますます多くなるだろう。個々の製品の開発だけでなく、統合による全体の効率向上にも、制御は貢献することが期待される。制御は、あらゆるツールを動員して、これらの期待に応えなければならない。

サービスや消費の分野では、知恵を絞って新機軸を打ち出し、付加価値を創り出す制御がさらに進むであろう。制御にはその潜在力がある。

既存の分野を超えた新しいテーマも目白押しである。

核融合のような極限状態にある物質の制御や、量子力学に支配されるミクロの世界の制御は、私たちが物質の論理にどこまで踏み込めるかの試金石である。ネットワークで結ばれた多くの制御対象の広域同時制御は、通信と制御の結びつきをうながす将来性の大きいテーマである。

生物のモータ制御のような素早い、正確な、しかも柔軟な制御の実現もヒューマノイドと関連して魅力あるテーマである。そして「環境の制御」には人類の存亡がかかっている。

キャッチフレーズ風に今後の制御の動向をまとめると「統合による効率向上」「超への挑戦」「広域化による通信との融合」「生物と制御」「環境の制御」そして「経済の制御」となろう。

これらのテーマに挑戦する制御には、そのベースにとぎすまされた理論がなければならない。物質、エネルギー、情報を統合した、自然と人工物の深い理論にせまる制御理論の発展に、大いに期待したい。

あとがき

制御は工学のどの分野でも必要とされ、実際に使われている。この「普遍性」こそが制御の真髄であろう。本書の紙幅で言い尽くすことはできなかったが、制御をできるだけ広い視野で捉えてもらいたいというのは、本書を通じての私の一貫した願いである。

制御の普遍性は二つの意味がある。

一つは工学の中での普遍性で、ほとんどあらゆる工学分野で制御は使われている。制御は電気、機械、土木などの従来からの伝統的な工学の区分の仕方にはそぐわない存在である。このような工学を横断型の工学と言い、制御は典型的な横断型の工学である。

横断型ということは、このボーダレスの時代にたいへん重要になる。横断型の学問は、これまでの「垂直型」の学問をつなげる接着剤の役割を果たすことができるし、垂直型の技術が新しい領域へ広がるときの橋渡しになる。電気と機械を結びつけたメカトロニクスで制御が演じた役割はまさしくこれであった。大阪大学には一九八七年に「電子制御機械工学科」という長い名前の学科ができたが、この名前は制御の役割を象徴している。

制御は普遍的なので技術移転がしやすい。ある対象をうまく制御することに成功した場合、その成果は比較的容易に他の対象に展開できる。このことを知っている企業は、制御部門の中核を本社あるいは研究所に置き、制御に関する全社からの情報が集中するようにしている。

そしてもう一つは「まえがき」でも触れたように、工学を超えた普遍性である。最近では、生物学や経済学でも「制御」は重要なキーワードとして注目を集めている。

生物を理解すればするほど、そこに制御のメカニズムが躍動していることを知る。生物に関する統一像を、制御という視点から描けるのではないかとさえ思う。制御の専門家がもっと生物に深くかかわることを期待したい。

経済学については、その本質がダイナミックスにあるにもかかわらず、経済学の教育がそれに目をつぶる傾向にあることを敢えて指摘したい。変化の激しい現代社会では、経済現象の静的な捉え方は、もはや近似としても成り立たないのではないか、と思うのは素人の見当はずれだろうか。また経済政策とは経済制御で、経済学も制御の視点を取り入れるべきではないだろうか。

折しも、制御をめぐる事情は少しずつ変わりつつある。

第一に、自動車やエアコンなど日常生活で使う商品に、制御がふんだんに使われるようになってきたことである。

エンジンの電子制御とかエアコンのインバータ制御、洗濯機のファジイ制御などについて聞かれたことのある読者は多いと思う。工場の中で大きなプラントや高価な機械を運転する、少数の技術者や熟練作業者の手中にあった制御は、いまや大量生産品に組み込まれ、各家庭で何百万、何千万という一般の消費者と接することになった。「製品をもたない制御」にかわって「どの製品にも組み込まれている制御」が制御のイメージになろうとしている。

制御を取り巻く情勢の第二の変化は「超の世界」の広がりと深まりである。超微細、超精密、超高速、超高圧、超高温など、最近の技術では超という字が当たり前のこととなった。制御はその超の世界を切り開く尖兵である。

わが国のもの作りが世界で長く優位を保ってきたのは、現場での経験を尊重する経験主義のおかげであった。しかし経験主義が行き過ぎると、「理屈をこねる」ことを毛嫌いし、「えいやあっとやってみろ」という体当たり主義となる。体当たり主義は、欧米に追いつこうと必死になっていた時代には有効だったことも少なくなかろう。しかし現在のように自ら道を拓いていかなければならない時代には、百害あって一利なしである。壁にぶち当たったときの体当たり主義のもろさは悲惨である。

新しい道を切り拓くとき、頼りになるのはしっかりした理論であろう。制御工学は、理屈を嫌う体当たり主義に対抗する「理論派」の砦である。制御技術者の健闘を期待したい。

本書の執筆にあたって、多くの方々からさまざまなご教示をいただいた。いちいちお名前を挙げることはできないが、深く感謝の意を表したい。とくに研究室の牛田俊君には、第4章のロボットアームの実験をやってもらったことを記しておく。

おわりに、本書の刊行に骨折ってくださったブルーバックス出版部に感謝したい。

参考文献

『自動制御とは何か』示村悦二郎　コロナ社　一九九〇年
『人間と機械の歴史』Samuel Lilley 著　伊藤新一 他訳　岩波書店　一九六八年
『ケミカルエンジニアリング』橋本健治編　培風館　一九九五年
『PID制御』システム制御情報学会編　朝倉書店　一九九二年
『サイバネティックス』Norbert Wiener 著　池原止戈夫 他訳　岩波書店　一九六二年
『情報システムにおける制御』（産業制御シリーズ5）大前力／平井洋武／涌井伸二　コロナ社　一九九九年
『住宅機器・生活環境の制御』（産業制御シリーズ6）鷲野翔一／田中博　コロナ社　二〇〇一年
『鉄鋼業における制御』（産業制御シリーズ8）高橋亮一　コロナ社　二〇〇二年
『人間型ロボットのはなし』早稲田大学ヒューマノイドプロジェクト編　日刊工業新聞社　一九九九年
『ロボット制御の実際』小林尚登　計測自動制御学会　一九九七年
『核融合エネルギーのはなし』近藤育朗 他　日刊工業新聞社　一九九六年
『ニューロンの生理学』伊藤正男　岩波書店　一九七二年

『脳の計算理論』川人光男　産業図書　一九九六年
『新・電子立国5　驚異の巨大システム』相田　洋　NHK出版　一九九七年
『応用カルマンフィルタ』片山　徹　朝倉書店　二〇〇〇年
『システム制御へのアプローチ』大須賀公一／足立修一　コロナ社　一九九九年
『ロバスト制御』木村英紀／藤井隆雄／森　武宏　コロナ社　一九九四年
『H^{∞}制御』木村英紀　コロナ社　二〇〇〇年
『Optimal control 1950-1985』Arthur E. Bryson「Control Sytems」vol.16, No.3,pp.26-33,1996
『History of Control Engineering 1800-1930』S.Bennet,Peter　Peregrinus Ltd.,1979
『The Control Revolution-Technological and Economic Origins of Information Society』James, R. Benniger　Harvard University Press.,1986
『Adam Smith and the Concept of the Feedback』Otto Mayr「Technology & Culture」vol.12, pp.1-22, 1971

さくいん

<人名>

<欧文>

<あ行>

<か行>

<さ行>

＜た行＞

＜な・は行＞

<ま行>

<や・ら・わ行>

N.D.C.548.3　237p　18cm

ブルーバックス　B-1396

制御工学《せいぎょこうがく》の考《かんが》え方《かた》

産業革命は「制御」からはじまった

2002年12月20日　第１刷発行
2022年10月７日　第11刷発行

著者　木《き》村《むら》英《ひで》紀《のり》
発行者　鈴木章一
発行所　株式会社講談社
〒112-8001 東京都文京区音羽2-12-21
電話　出版　03-5395-3524
販売　03-5395-4415
業務　03-5395-3615
印刷所　(本文印刷) 株式会社ＫＰＳプロダクツ
(カバー表紙印刷) 信毎書籍印刷株式会社
本文データ制作　講談社デジタル製作
製本所　株式会社国宝社

定価はカバーに表示してあります。

ISBN4-06-257396-2

発刊のことば

科学をあなたのポケットに

二十世紀最大の特色は、それが科学時代であるということです。科学は日に日に進歩を続け、止まるところを知りません。ひと昔前の夢物語もどんどん現実化しており、今やわれわれの生活のすべてが、科学によってゆり動かされているといっても過言ではないでしょう。

そのような背景を考えれば、学者や学生はもちろん、産業人も、セールスマンも、ジャーナリストも、家庭の主婦も、みんなが科学を知らなければ、時代の流れに逆らうことになるでしょう。

ブルーバックス発刊の意義と必然性はそこにあります。このシリーズは、読む人に科学的に物を考える習慣と、科学的に物を見る目を養っていただくことを最大の目標にしています。そのためには、単に原理や法則の解説に終始するのではなくて、政治や経済など、社会科学や人文科学にも関連させて、広い視野から問題を追究していきます。科学はむずかしいという先入観を改める表現と構成、それも類書にないブルーバックスの特色であると信じます。

一九六三年九月

野間省一